光尘
LUXOPUS

# 与外婆的
# 漫长告别

Nobody Will Tell You This But Me

［美］贝丝·卡尔布/著

Bess Kalb

张蕾/译

人民邮电出版社

北京

**图书在版编目（ＣＩＰ）数据**

与外婆的漫长告别 ／（美）贝丝·卡尔布著 ；张蕾
译. -- 北京 ：人民邮电出版社，2023.5
ISBN 978-7-115-61248-9

Ⅰ. ①与… Ⅱ. ①贝… ②张… Ⅲ. ①女性－人生哲
学－通俗读物 Ⅳ. ①B821-49

中国国家版本馆CIP数据核字(2023)第066847号

**版 权 声 明**

◆ 著 ［美］贝丝·卡尔布
 译 张 蕾
 责任编辑 郑 婷
 责任印制 陈 犇
◆ 人民邮电出版社出版发行 北京市丰台区成寿寺路 11 号
 邮编 100164 电子邮件 315@ptpress.com.cn
 网址 https://www.ptpress.com.cn
 文畅阁印刷有限公司印刷
◆ 开本：880×1230 1/32
 印张：8.25 2023 年 5 月第 1 版
 字数：168 千字 2023 年 5 月河北第 1 次印刷
 著作权合同登记号 图字：01-2022-6830 号

定价：59.00 元

读者服务热线：（010）81055671 印装质量热线：（010）81055316
反盗版热线：（010）81055315
广告经营许可证：京东市监广登字 20170147 号

谢谢你，外婆

谨以此书献给我的儿子

# 目录

# 序曲

# 贝丝：我[1]的"闺密"

穿学士袍的波比

---

照片上这个女孩一看就不简单。我敢说，她不出一年就会和自己的心上人结婚，从此离开布鲁克林的破公寓，踏遍大半个地球——中国、瑞士、希腊、加沙、开罗、托斯卡纳，还有巴黎。将来她去巴黎的次数会多到连她自己也数不清。她还会去探访母亲远在白俄罗斯的故乡。她母亲在13岁那年逃离了那个村庄，当时那地方还属于沙俄。去探访的那天晚上，她会坐在酒店的吧台为自己点一杯皇家基尔酒。她这一生会有三个子女——两个优秀的儿子和一个女儿。

女儿会和她长得一模一样，活脱脱就是她的翻版。她会语重心长地教导女儿不仅要比男孩们更努力学习，还要更大胆地表达自己，要知道如何让身边的人感到愉快和放松。晚上，她会读艾米莉·勃朗特的作品给女儿听。她的女儿将成为布朗大学[1]招收的第一批女性学生，并且在 20 岁那年大学毕业。到那时，女儿会对她说："我想当医生。"尽管她知道女儿从没学过理科，但她依旧会从容地对女儿说："那就去吧，去让自己成为一名医生。"

若干年后，她的女儿果然成了一名医生，并且也有了自己的女儿，也就是我——贝丝。

我和照片上的这个女孩注定会成为"闺密"。我们之间的对话会如歌词般优美："我的天使，我的天使，你拯救了我的生命。"我们会拥有只属于我们二人的小秘密，会藏身到只有我们俩才知道的地方，使用别人都听不懂的暗号交流。我们会不停地相互分享美发心得，直到其中一方睡着了才肯罢休。我们会一起看老电影，一起读新书。我们会随时随地为一些小事而激动落泪，会把每一个想法都说给对方听，尽管那些想法大都无关紧要，有时甚至无聊透顶。我们会相约在同一时间，用相同的方式吃一样的食物。我们从不相互道别，分别时只说"我爱你"。一遍不够，要说三遍。我们给对方的爱从不嫌多。有一天，她会这么对我说："要是你生了个女儿，我敢说她一定不简单。"

---

1　布朗大学，创立于 1764 年，是全美第七古老的大学，坐落于美国罗得岛州首府普罗维登斯市，是闻名世界的八所"常春藤盟校"之一。

## 波比：我[1]的葬礼

没有比死更糟糕的事情了。人一旦死了，就什么也干不了了，既不能看书，也不能找人聊天。这得多无聊呀！简直能把死人"逼疯"。每到这种时候，那些活着的人反而要为各种仪式忙得团团转。谢天谢地，我至少还能看到这最后一出"戏"。主持仪式的拉比压根就不认识我，但我才不在乎他呢，我的注意力全在你外公身上。贝丝，我向来烦透了那些长篇累牍的希伯来文祷告词，但当所有人都开始齐声祷告时，你外公才总算不再哭哭啼啼。好吧，就冲这一点，这个仪式也值得被称赞。我想说的是，此刻，我比你们中的任何人都难受。

最令人难以接受的就是往棺材上撒土这个环节。

我实在不理解为何亲人们要一人一铲地往棺材上撒土。想想都觉得可怕！贝丝，谢谢你拒绝与他们"同流合污"。他们还想怎样？

---

1 此小节中"我"指外婆波比。（编者注）

难不成还要孩子们往我的血管里注射防腐液？老实说，这整个仪式都让我备感耻辱。你的两个舅舅往我身上撒了不少土，我早晚会找他们算账！你外公倒是通过这个仪式让自己平静了许多。他一边往我的棺材上撒土，一边念叨着："我真希望里面躺着的人是我，波比。我真希望那个人是我，而不是你。"我相信这是他的真心话。

我的祖父，也就是我父亲的父亲，活到了 96 岁，比我还长寿。他死之前喝得烂醉如泥！那天早上，他去了一趟犹太会堂，在那里灌了一肚子葡萄酒，八成还有他自己带去的土豆伏特加，那是一种酒精浓度高到足以溶解油漆的烈酒。他从教堂出来，刚走到马路中央就被一辆巴士给撞了。只听"砰"的一声，人当场就没了。走得可真够痛快的。路人纷纷围了上来，只见他面带微笑地躺在地上，肇事司机说我的祖父刚才过马路时也冲他笑了。至少我哥哥乔吉是这么告诉我的。大家聚在教堂里为祖父举行了葬礼。那天所有人都喝醉了，幸好悲剧没再上演，一个个都安全地回到了家。

我一直搞不懂你母亲当年为何要跑去那个基布兹 [1]。那时她刚被哥伦比亚大学建筑学院录取，却又不大满意，决定先去一趟欧洲，于是飞去巴黎找她的朋友克莱尔散心。克莱尔当时正作为互惠生 [2] 暂住在当地的一户有钱人家里。你母亲很快就厌倦了那样的生活。她在巴黎结识了几个犹太青年，得知他们计划去以色列的一个公社，

---

1 基布兹，以色列的一种乌托邦式自治集体社区，主要从事农业生产。
2 互惠生，最早起源于英、法、德等国家，是一种自发的文化交流项目，青年学生以互惠生身份入住海外的家庭，帮其分担照顾孩子的工作，该家庭则为学生提供医疗意外保险、免费的食宿，以及一定数额的零用钱和申请互惠生签证所需的材料。

去过那种成天一起摘草莓、吸烟的无拘无束的生活。那不是人间天堂是什么？！于是她第二天就买了车票，去了特拉维夫市[1]。她住进了一家简陋的青年旅社，刚一落脚就迫不及待地打听那个公社在哪儿，最后稀里糊涂地坐上了一辆大巴，沿加利利海北上，到达了一个香蕉农场。

那里根本就不是什么基布兹，完全没有他们描绘的打着铃鼓唱着歌，穿着花衣衫载歌载舞的景象，只有永远干不完的苦力活和一群白天干活、晚上被烧酒灌到不省人事的年轻人。他们时常醉倒在田间，醒来时早已满头白霜。接待你母亲的是一个手臂上文有蓝色数字的老头儿，他安排你母亲到食堂去削土豆皮。每天早上，她天一亮就得起床，套上橡胶靴，泡在一个盛满土豆和冷水的缸里，把土豆一个接一个地去皮，再将削好的土豆"扑通"一声丢到另一个缸里。到了下午，她要头顶烈日，开着拖拉机在香蕉园里穿梭，把香蕉一串一串地摘下来。她的双手很快就磨出了茧子，皮肤也晒得黝黑发亮，集市上的人都误以为她是当地人，动不动就用阿拉伯语和她打招呼。

然而这里对她来说，就是天堂。在这里，她可以把建筑学院的事完全抛到脑后，不用想接下来该做什么，也不用担心在布朗大学的男朋友随时可能向她求婚。每天除了削土豆皮就是开拖拉机，再没别的事可做了。两个月以来，她天天过着这种条件艰苦却无忧无

---

1　特拉维夫市，以色列第二大城市。

虑的生活。

一天早上，她不小心划破了手，连忙去农场的卫生帐篷找人包扎。帮她处理伤口的是一位善良风趣又聪明的女医生。在缝合伤口的短短几分钟里，你母亲突然立志要成为一名医生——她一贯都这么冲动。

我知道她会先到巴黎再回纽约。她在来信中说，五一劳动节那天她一回到克莱尔的住处就会给家里打电话。我好不容易盼到了那一天，她却音讯全无，连一通电话或一封电报都没有。第二天凌晨四点多，我把你外公摇醒，对他说："罗宾肯定出事了。"你外公竟然劝我不用担心。这个没心没肺的家伙！不过那次过后，他再也不敢这么大意了。

我急中生智，立刻打电话向巴黎的美国医院询问。我家一直有个惯例：出国时如果生病了，就立即去当地的美国医院，无论那儿的医药费有多贵。在电话接通后我直接说道："请接罗宾·贝尔的病房。"接下来听到的那句话，我这辈子都忘不了——"好的，请稍等。"在护士把电话递给你母亲之前，我手握听筒，熬过了生命中最漫长的几分钟，终于听到电话那端你母亲虚弱地叫了一声"妈妈"。打完电话，我生气地往你外公头上拍了一巴掌。

接着，我一把抓起手提包就上了车。

我开着车一路狂飙到肯尼迪机场，随便把车往路边一停就直奔售票厅，对着售票员喊道："一张飞往戴高乐机场的单程票。"售票员却说："今天的航班全都订满了，建议您明天再去。"我说："我必须马上出发。"我掏出钱包，开始一张一张地往外拿钞票。最终，我付了双倍的价钱，搞到了一个空姐备餐室里的折叠式座位，那个座位通常只有机组成员才能使用。整个飞行过程中，我紧张得眼睛都不敢眨一下。八小时后，我顺利来到了你母亲身边。她得的是病毒性脑炎，病毒入侵了她的脊髓。医生说她很可能从此无法走路。我看着她说："罗宾，你现在就给我站起来走走看。"

她果然站了起来。

你知道我祖父过去是怎么教我的吗？他常常看着我说："巴巴拉（Bubbalah）[1]，当大地在你脚下裂开的时候，你要大胆地往前走。一步接着一步，一步接着一步地往前走。"

---

1　此处为人名"芭芭拉（Barbara）"的谐音，表示人物带有口音的英语发音。

# 第一章

# 我的母亲

即使大地在你脚下裂开，

你也要一步接着一步地往前走。

没有什么事比前进更重要。

## 葡萄架上的果子

我母亲这辈子只教会我一件事，那就是如何炖牛腩。

做这道菜不需要任何天赋。

关键是不用花心思就能把它做好。你只需把牛腩从锅的侧面放进去，把配料一次性全倒进去——红酒、罐装的西红柿、切好的胡萝卜、半颗洋葱、一把粗盐，外加一个你外公爱吃的土豆，再把这一锅东西放到小火上慢煨。如果担心汤汁太浓稠，就往锅里兑一些水，除此之外什么都不用做。就算是一整天不去管它，也不会出任何差错。如此简单的一道美食，可别说我什么都没教你哦。

贝丝，你最爱吃我炖的牛腩了。你根本不在乎牛腩炖得够不够烂，唯独钟情于肉块边缘那圈满是胶质的软骨和锅底那层焦香的糊糊。不管是逾越节还是开斋日，或是其他的什么日子，你总是在来阿兹利[1]之前就开始惦记我这锅牛腩。你一来就馋得不行，追着我问

---

1　阿兹利，美国纽约州的一处地名。

"可以吃牛腩吗？"或者"外婆，你做的牛腩会不会不够？"。你父亲担心胆固醇过高，所以家里从来不买牛肉，你因此变得贫血，急需吃点牛肉来补补气血。

我做这道菜或多或少是受我母亲的影响。她当初做这道菜也不全是因为宗教信仰，主要还是希望全家人每周五晚上都能回到位于布鲁克林绿点[1]的老房子里吃一顿安息日晚餐。我们也不是每次都有牛腩吃，有时也会换成牛肝、牛杂或牛舌。反正这几样东西只要炖的时间足够长，吃起来味道都差不多。

我的哥哥们全都各自成家了。每周我母亲都会邀请他们和他们的妻儿回家，全家人围着一张桌子吃饭（我和哥哥们都是在这张桌子上出生的）。晚餐必须由母亲一手操办。她先是站起身来，一手撑着桌子，一手从围裙口袋里掏出来我父亲的纸板火柴擦亮一根。此时整间屋子安静得连根针掉在地上都能听得见。接着，她会挺着硕大的胸脯使劲儿探过身去够餐桌上的一对烛台，直到点着上面那对长长的蜡烛，才甩手将火柴熄灭。这对黄铜烛台是她大老远从俄国带来的。

接下来，她会将一块餐布盖在头上，像幽灵一样缓缓地将双手举到眼前，低下头，口中念念有词，双手也开始有节奏地前后摆动。

接着，她会在头巾下面对我哥哥发出指令："乔吉，快，倒酒！"

每当这时，乔吉就会冲我挤眉弄眼，端起斟满酒的酒杯，鼓起

---

1　绿点，位于美国纽约市布鲁克林区。

胸膛，模仿歌剧演员的样子用夸张的嘴型无声地跟着母亲一起吟诵。我只好憋着笑，继续聆听祷告。

祷告结束后，母亲取下蒙头的餐布，将它叠好放回桌上。这个仪式在她家族的女性中世代相传，她的母亲、外婆、外婆的母亲、外婆的外婆都曾这样做过。如今轮到她了，她就像一尊雕像一般庄严地立在那里，守护着自己的儿孙。

所以，几十年后，我也继承了这一传统。我会邀请全家人一起回阿兹利来吃逾越节晚餐。大家都穿上体面的衣服，围坐在用水晶吊灯装饰的餐厅里。我站在桌前，待所有人都安静下来，就在母亲用过的那对烛台上点亮蜡烛，然后把火柴吹灭。我一样会用餐布来蒙头，但我不会祷告，因为我从未认真学过那些祷告词。我会尽量模仿她的样子，一边轻声哼唱，一边前后晃动脑袋。想知道我究竟在哼什么吗？我在一遍又一遍地哼着我母亲的名字"罗丝"。

贝丝，你是我们家几代单传的女儿。你就像那葡萄架上最甜的果子。

# 我的母亲

罗丝

我的母亲是个电影迷。

她是个又高又壮的俄罗斯人。当时，我们一家住在绿点造船厂旁边的一幢破败的房子里。虽然她英语不怎么好，但她会不时从口袋里翻出一枚五美分硬币，到黑漆漆的电影院去，一坐就是一整天。

她夏天去电影院还有另一个原因——享受那里的空调。她会一遍又一遍地看同一部电影，直到太阳下山，外面不再热得叫人喘不过气来才肯回家。回到家后，她一边做饭一边哼着电影里的曲子，偶尔还会在灶台前翩翩起舞，舞姿虽算不上优美，她自己却乐在其中。我总能察觉出她何时去看过电影，因为她每回看完电影之后，心情就格外好。在外奔波了一天的父亲刚一进门，尽管灰头土脸一身臭汗，她也会迎上前去给他一个热情的拥抱，柔情蜜意地招呼他"晚上好，塞缪尔"。父亲时常被这突如其来的幸福搞得晕头转向。

在众多影星当中，母亲尤其喜欢巴斯特·基顿[1]，非说他是犹太人不可。她读遍了报纸上关于电影明星的报道，深深为那些穿着丝质长裙和戴着貂毛围巾的女明星着迷，甚至会惟妙惟肖地模仿她们说话。别看她生得人高马大，举手投足间却自有一番风韵。想当年她为了不弄脏亚麻床单，愣是把餐桌当产床，在上面诞下了五个孩子。

母亲对我说："但凡你遇到了什么倒霉事，就给自己买一杯冰激凌苏打水和一顶新帽子。"

于是，我照她说的做了。

我母亲爱看电影，我父亲却热衷于参加各种示威游行。你知道"联合广场"[2]这个名字是怎么来的吗？当年一些联盟的组织者经常在那里做街头演讲。他们搬来几个肥皂箱垫脚，声嘶力竭地为工人

---

1 巴斯特·基顿（1895.10—1966.2），美国默片时代的演员及导演，以"冷面笑匠"著称。
2 联合广场，美国纽约市曼哈顿的一个重要地标，位于百老汇大道和第四大道的交汇处。

权利发声。那年头，美国的工厂里就算有人被烧死了也无人问津。我父亲没有固定工作，每回家里穷得揭不开锅了，他就出去帮人粉刷房子。所以人口普查时他的正式职业一栏写的是"房屋粉刷工"。哈哈！事实上，投诉和抗议才是他真正的职业。他经常四处请愿。他会为了别人的事专程搭车去曼哈顿，睡在市政厅前的台阶上，直到有人愿意搭理他、看他的请愿书，或是听他喊口号和宣读他罗列的一长串诉求。我们家经常收留一些外人，晚上总有人来家里打地铺。那时候，家里几个小孩的温饱都快成问题了，父亲还隔三岔五地带一些工会会员回家。这帮客人从不见外，一进门就问："晚餐吃什么，奥蒂斯夫人？"母亲总是没好气地反问："你说呢！"但不知怎么回事，他们每次都能有东西吃、有毯子盖，到了晚上还能听见他们整宿地谈话。我们一大家子人就这样勉强度日。

难怪母亲当年那么渴望出门。那一年，她本以为不会再怀孕了，却无意中怀了我。你能想象一个年近四十的女人再度怀孕吗？

由于不确定腹中的我是否能平安降生，母亲没有告诉任何人她怀孕的消息。我就这样安静地待在她的子宫里，听着哥哥们在外面吵吵闹闹，我还未曾见过他们，就对他们喜欢得不得了。

我出生时是我的双胞胎哥哥乔吉和利奥把我抱到水池里清洗的，可见他俩有多宠爱我。

有一回我差点儿就死了。

那一年我还小，不过十岁左右，因感染脑膜炎住进了医院。那个年代，医生面对这种病束手无策，唯一能做的就是等待。我的四个哥哥都以为我过不了这一关了，尽管当时他们都已成年，大卫和杰西甚至已经当了爸爸，他们还是全程在医院守着我，困了就轮流在医院的走廊或地板上打个盹。当时我右耳的听力已完全丧失，他们只能凑近我的左耳读书给我听。有一天，利奥凑过来对我说："波比，你千万别死，否则我就'杀'了你。"我听完一阵大笑，胆汁都咳了出来。意外的是，我的病居然被他这句话给吓跑了。一个星期后，我出院了，正好赶上过普林节。一回到家，我发现房间里所有能放东西的地方都堆满了哈曼塔什三角糕[1]，少说也有 200 个，有杏子馅的、无花果馅的，全是我喜欢的口味。我激动得哭了，于是他们也跟着哭。我们把左邻右舍都请来，痛痛快快地吃了个够。

儿时头戴蝴蝶结的波比

---

1　哈曼塔什三角糕是一种三角形中间包有水果蜜饯或巧克力的饼干。

你知道我的名字原本不叫"芭芭拉"吗？

家里原本打算给我起名叫"格洛丽亚"。我出生那天的下午，母亲喊来乔吉，对他说："乔吉，你去社保办公室给这个孩子登记个姓名吧，就叫她格洛丽亚·奥蒂斯。"乔吉偏偏不喜欢这个名字，于是他和利奥、杰西还有大卫商量了一番，一起到富尔顿大街的那幢大楼里为我登记了一个漂亮的名字：芭芭拉·多萝西·奥蒂斯。

说起来，他们似乎更像是我的家长。

## ○记 2009 年 10 月的一次通话○

在婚礼彩排晚宴上为贝丝补妆的波比

波比：贝丝，他是犹太人吗？

贝丝：喂，你好呀，外婆！

波比：他究竟是不是犹太人？

贝丝：不是。他的老家在缅因州，家里是地地道道的白人新教徒。

波比：所以说他是基督徒。

贝丝：他什么也不信，我觉得他是个无神论者。我们还没聊到
　　　那一步呢。他目前正在学习一门关于佛教的课程。

波比：噢，上帝呀！

贝丝：外婆，他的信仰对我来说不重要。

波比：你们交往多久了？我听你妈说，有一个月了。

贝丝：你都知道了还问我！

波比：这消息得从马嘴里说出来才算数。[1]

贝丝：我怎么又成马了？

波比：别跟我要嘴皮子。你想啊，像他这样的人，估计从没交
　　　往过犹太女孩子。

贝丝：他上的可是布朗大学，大学四年没干别的，全用来交往
　　　犹太女孩子了。

波比：想不想听我跟你说一件真事？

贝丝：好呀。

波比：咱们家有史以来，只有一个人和非犹太人结婚。

贝丝：外婆，我们才刚认识一个月而已，再说他毕业后很可能
　　　会去旧金山……

---

1　原句 "hear it from the horse's mouth"，英语俗语，表示消息真实可靠。

波比：贝丝，听外婆把话讲完。

贝丝：我听着呢。

波比：全家只有一个人和不同信仰的人结了婚，那就是我哥哥乔吉。起初他被一个坏女人伤透了心，一气之下加入了海军，常年随部队四处漂泊。

贝丝：我居然不知道家里还有人当过海军！

波比：这没什么好激动的，又没有真正打过仗。有一回他从部队回来，领着一个漂亮的葡萄牙女人出现在我母亲面前，关键是那女人还有孕在身。你知道我母亲，我那位来自东欧乡下的犹太母亲，当时是怎么做的吗？

贝丝：我连想都不敢想。

波比：她看了一眼自己的儿子，又看了看那位姑娘，然后给了那姑娘一个大大的拥抱，对着她用英语说："我们家欢迎你。"

贝丝：这么说你接受查理了？

波比：他学的是什么专业？

贝丝：商科吧？

波比：好吧。

# 一脉相承的脸

贝丝，我跟你说过，我母亲初到布鲁克林时连一句英语都不会讲，她在人口普查表上的"语言"一栏里填的还是"犹太语"。哈！她通常只和父亲说意第绪语，在孩子们面前却从来不说，所以我们之间的交流并不多。她总是喊我"*Shayna punim*"，意思是"漂亮脸蛋"。每回听到这个爱称我都想笑，因为我长了一张和她一模一样的脸。

1930 年的人口普查表

直到 20 世纪 80 年代，我才对这张脸做了些微调。

母亲很努力地想去掉身上那些东欧犹太人的印记。她主持的安息日晚餐必定会有希伯来文祷告和点蜡烛的程序，但从不讲究餐桌上的食物，家里有什么，我们就吃什么，从不挑三拣四。

我一直都很不满意自己的鼻子，每回照镜子时我都觉得自己一看就是个俄罗斯人。于是除了对自己的脸进行调整，我还花钱为你母亲整了鼻子，又花钱解决了你的"鼻中隔移位"的问题。哈！我把一包冻豌豆往你淤青的眼睛上一敷，那个俄式大鼻子就这么一点儿一点儿地从你脸上消失了。我也说不清费这么大劲做手术究竟是想掩饰自己的年龄，还是身上那点儿东欧犹太人的气质，想来应该两者都有吧。

波比和汉克的婚礼照片

如今我看着这张照片，发觉你外公和当年结婚时没什么两样，而我已经老得快认不出自己了。

---

## ○记 2010 年的一次通话○

波比：说真的，那里根本算不上真正的加利福尼亚州。

长长的停顿。

贝丝：可它的确属于加利福尼亚州。

波比：不，我不是那个意思。我只是不希望你去到那儿之后才发现那里根本没有你想象中的阳光、沙滩、棕榈树和各种有的没的。

贝丝：我知道。

波比：你要是真喜欢那些东西，倒不如来棕榈滩[1]找我。在我这儿，你想待多久就待多久！

贝丝：知道啦！

波比：旧金山是我听说过最闷热潮湿的地方，又闷又潮湿。

贝丝：再怎么糟糕也比普罗维登斯[2]好吧。

波比：肯定比那儿还糟。

贝丝：不至于吧？

---

1 棕榈滩位于美国佛罗里达州东南部。
2 普罗维登斯位于美国东北部的罗得岛州。

波比：我想说的是——除了我，没有人会告诉你这件事——你的头发到了那儿会很毛躁，从早到晚都乱蓬蓬的，你非得疯了不可。

贝丝：实在不行，我就买一瓶喷雾之类的东西来用，或者戴顶帽子。

波比：得用护发油才行，我已经用联邦快递给你寄过去了。

贝丝：好的，谢谢！

波比：你瞧，没有我你该怎么办？

贝丝：没有你我就糟了！

波比：贝丝？

贝丝：嗯？

波比：你的发色要是再浅一点儿，一定是个大美人。

## 我的哥哥们

我母亲算得上长寿了，要不是因为生了我的四个哥哥，她肯定还能多活几年。先是生了大卫，然后是老二杰西，接着是一对双胞胎乔吉和利奥。母亲完全被这四个男孩累垮了，但她又能怎样呢？邻居们全都羡慕地说："家里有四个男孩，多有福气呀！"她总是无奈地哼一声，答道："你想要吗？想要就给你吧。"

她18岁结婚，19岁就生了大卫。紧接着就是杰西、乔吉和利奥，一个接着一个，直到年近四十才有了我。你能想象吗？我出生时乔吉和利奥都已经是小大人儿了。母亲自打结了婚就没有休息过一天，有时也只能忙里偷闲。我刚学会走路，她就让哥哥们带我出去玩。她会说："出去玩吧，顺便带上你妹妹。"因此，他们每回出去玩都会带着我。

他们通常会在街上打棍球[1]，隔一段时间就轮流把我带到路边去

---

1　棍球是孩子们在街巷内玩的一种类似棒球的游戏。

换尿布。

他们教会我如何在地上爬，做法是四个人全挤在房间的一头，欢呼雀跃地吸引我爬过去；一见我趴在地上不知所措，又全都失望得长吁短叹。

男孩子的好胜心真是不可理喻，就连我先学会叫谁的名字这件事他们都在暗中较劲。最终乔吉获胜。利奥很不服气，他认定是乔吉耍花招，一天到晚在我的摇篮边念叨自己的名字，我才被成功"洗脑"的。他至今都不肯承认乔吉在这件事上赢了他。

罗丝和她的四个儿子

一到夏天，哥哥们便带我去科尼岛 [1] 看海。他们把平时攒下的零用钱凑起来为我买了一件像样的泳衣，自己却脱得只剩一条内裤，从码头的尽头跳了下去。他们一个个如鱼得水，大胆地朝水里的姑娘们游去。乔吉和利奥这对同卵双胞胎很好地利用了自己的优势，他们先是由乔吉出马，把姑娘们逗得开怀大笑，再神不知鬼不觉地换上利奥，由他背几句诗词来把姑娘们迷倒。如果把他俩的优点集中到一个人身上，的确能打造出一个不错的约会对象。于是他们就这么一动一静地配合着，直到那些姑娘答应跟他们约会为止。之后，他们会根据自己的喜好来分配约会对象。因此，他们身边从来不缺女朋友。

每当这种时候，我都只能独自坐在岸边被太阳晒得发烫的水泥地上，看着他们在水里嬉戏。我的皮肤和你一样，又白又怕晒，晒久了就会起泡、脱皮。于是我大声朝水里喊道："求求你们让我下水吧！"他们会互相看一眼，然后对我说："波比，你不会游泳，下水会被淹死的。"我总是回答："我不怕！"

利奥想出了一个点子——几个哥哥中就数他的点子多，与其说他聪明，倒不如说他比其他几位更爱耍小聪明——他连哄带骗地从一个妇人那里借来一个黑橡胶轮胎，又找来一根绳子，一头系着轮胎，另一头拴在岸边的一根柱子上，然后得意地对我说："一切就绪，跳下来吧，波比！"我听话地跳了进去。整整一个星期，我每

---

1 科尼岛是美国纽约布鲁克林区的一个半岛，岛上有游乐场等娱乐设施，是纽约人的避暑胜地。

天都战战兢兢地坐在这个被一根绳子拴在岸边的橡胶轮胎里，下半身被冰凉的海水泡得失去了知觉，羡慕地看着他们在我身边游来游去。我好几次都差点儿滑出轮胎掉进水里，最后都使劲儿爬了上来。既然当初是我求他们让我下水的，我就一定要撑住。于是，我每天都咬着牙在水里浮浮沉沉好几个小时。

我的几个哥哥都擅长读书，除了乔吉以外，个个都考上了大学。乔吉一有机会就和父亲去街头抗议，像他们这种全职的抗议者是找不着工作的，因为世界上没有一件事能令他们满意。任何事都值得他们抗议，尤其是在那场可怕的工厂大火过后，为工人阶级维权就成了他们的头等大事。总之，他们永远有理由抗议。

事实上，乔吉一点儿也不比利奥笨。他们俩都爱看书，甚至把看书也当成了一种比赛。利奥能背下整部美国宪法，乔吉能算出电话簿上所有号码的总和。利奥会时不时地考考我。我当时不过是个连自己的名字都拼不利索的小孩，却被他逼着去读一些厚厚的经典名著。乔吉也不放过我，硬要教我背九九乘法表。我的哪门功课学得好，他们就以此向对方炫耀。要是我考试考砸了，他们俩就谁都不理我。于是，我每晚挑灯夜读。有时我不知不觉就睡着了，利奥会走进我的房间（父亲由于经常晚归，就在客厅里打地铺，我则搬去和母亲一起睡），拍拍我的头，替我把煤油灯吹灭，然后悄悄地对我说："好好睡觉，好好睡觉，梦里别被猴子咬。"不知为何，我每回都被这句话逗得笑出声来。

利奥追随大卫的脚步进了大学，并立志要投身于法律事业。他以优异的成绩大学毕业，顺利考上了福特汉姆大学[1]的法学院。他梦想能成为一名优秀的诉讼律师。眼看他就要毕业了，偏偏在这个时候，他却大病了一场。

要是利奥知道我要给你讲接下来的故事，他一定会"杀"了我，乔吉也一样。我母亲直到去世前也不知道这件事。若是当时被她发现了，她定会抢起灶上的平底锅，把他们兄弟俩痛打一顿。这件事除了我谁也不知道。虽然我当年只有八岁，却目睹了整个事件的全过程。

利奥是一月初生的病。病情发展得很快，才刚二月底他就奄奄一息了。这个病是由胃部感染引起的，后来病情蔓延到了全身。摆在眼前的情况是，利奥品学兼优，而乔吉也不差——他精于计算，学习能力特别强，只要父亲和祖父不把他灌醉，他的脑子比谁都快。于是，为了利奥的学业，乔吉戒了酒，穿上利奥那件灰色的毛呢校服，转了三趟公交车去了福特汉姆大学，大步流星地走进利奥的教室，在签到表上毫不犹豫地写下了利奥的名字。一连几周，他都以利奥的身份出入各间教室，听讲座、记笔记、熬夜读书和熟记所有的案例。课堂上若是被教授点了名，他会去掉自己浓重的布鲁克林口音，改用一种他平时大肆嘲笑的"非犹太人"说话的腔调来回答问题。到了期末，他又以利奥的身份高分通过了期末考试。

至于利奥，随着病情逐渐恶化，他的意志也开始消沉。他成天躺在昏暗的病房里，只能靠小口喝汤来维持体力。由于发烧，他常

---

1　福特汉姆大学是位于美国纽约市的一所全美综合排名前 50 的私立研究型大学。

常昏睡不醒，一天比一天消瘦，两眼凹陷，皮肤暗黄，头发也开始脱落。普林节那天，我在会堂的餐会上拿了一个三角糕，偷偷带着它去医院看利奥。他看了一眼三角糕，开心地笑了。突然一阵剧烈的咳嗽，咳得他撕心裂肺、口吐鲜血。我吓得扔掉手中的三角糕，头也不回地跑回家，冲进厨房，一把抓住正在刷锅的母亲，问道："妈，利奥会死吗？"她不假思索地回答我："利奥会毕业的。"

六月的毕业季转眼就到了，利奥的病情却仍不见好转。于是，乔吉继续替利奥完成使命——他戴上学士帽，穿上学士袍，当着几千人的面走上台去，大大方方地领走了属于利奥的毕业证书。回到家后，他对所有人说他去了一趟利奥的学校，帮他把证书带回来了。除了我，没有人知道这件事的来龙去脉，就连杰西和大卫也被蒙在鼓里。

然而，一个月后乔吉又迎来了另一个挑战——考律师执照。纽约州律师协会是出了名的严格，就连肯尼迪总统当年也经历过两次失败，这说明考律师执照看的是真才实学，而不是家族背景。无论是在当时还是现在，要想顺利通过考试简直比登天还难。此时的利奥已经缠绵病榻五个月，瘦得不成人形，在他身上已经完全看不到乔吉的影子。乔吉对他说："利奥，我会替你把执照考下来。"利奥不答应，他认为乔吉肯定过不了，于是两人扭打了起来。尽管利奥仅仅恢复了一点点体力，但当听说乔吉已经自作主张地替他报名了考试时，他还是气得差点儿把乔吉撞倒在地。他质问乔吉："你不过才学了半年的法律，就妄想能通过律师考试了？"乔吉冲他狡黠一笑，说："我不是妄想，是确信。"我永远都忘不了利奥这辈子第一次，也是唯一的一次向我求助，而我当时才八岁。他说："波比，我该怎么办？"我回答："你就算要死，也得先当上律师再死。"他被这个回答逗乐了，这么多年来，他一有机会就用这句话揶揄我。于是，乔吉带着利奥的祝福和期望走进了考场。

他一次性通过了考试。

两个月后，利奥不仅病好了，还开了一家律师事务所。母亲从来都不好奇他是如何做到的。

又过了几年，我经历了那次脑膜炎，右耳也从此失聪了，整个人一蹶不振。一天早上，我赖在床上生闷气，母亲让利奥来劝我。他刚一进门，我就冲他发泄道："我是个残疾人！将来要怎么办？"他把脸凑到我跟前，直视着我的眼睛，大声吼道："右耳听不见就用左耳！"这一吼把我给逗乐了！

十几岁时的波比

波比怀抱婴儿时的贝丝

噢，现在还早，你大概还没睡醒吧。想听我跟你说件真事吗？你母亲在生你的时候还在坚持工作，她只休了几周的产假，就又回去继续当她的精神科住院医生了。这个科室几乎没有女性医生，你母亲可以说是史无前例。你父亲的处境也跟她差不多，两个人都忙得根本没时间照顾你。你母亲急哭了，而我在佛罗里达也帮不上什么忙！她能怎么办呢？把你丢给一个陌生人照看吗？天啊，你当时还那么小，连头都抬不起来呢。喂？有电话打进来了。

（留言结束。请听下一条留言。）

咱们接着说。我放心不下你，只好每周二从这里飞去纽约，周四再从拉瓜迪亚机场[1]飞回来。那会儿我年纪也不小了，是个不折不扣的老太太了！但我实在太爱你了，于是我每周都坐在那间离你爸妈的医院不远的破公寓里看着你，陪着你一起看电视，教你说话。你能想象吗？在你生命的第一年里，我们一直是这样过来的。你九个月时就开始牙牙学语。你说的第一句话是"嗨"。

（停顿良久。）

贝丝，没有人会傻到要搬去旧金山生活。

## ○ 2010年在佛罗里达州棕榈滩的内曼·马库斯[2]试衣间○

波比：不好意思，小姐！小码太紧了，请帮我们换一件中码的！

店员：好的，请稍等！

贝丝：外婆！别人不需要知道我有多胖！

波比：别的裙子你穿小码正合适，直筒裙就不行了。你的身材随我，全身的重量都在屁股上。

---

1　拉瓜迪亚机场是美国纽约市的三大机场之一，位于皇后区。

2　内曼·马库斯是美国一家具有百年历史的、以经营奢侈品为主的连锁高端百货商店。

贝丝：去参加婚礼用不着买新裙子，就穿上次去雷切尔婚礼时穿的那件黑色的吧。

波比和贝丝一同出席家人的婚礼

波比：不行，那件领口太低了。

贝丝：你不是挺喜欢那件裙子的嘛！

波比：那件不合适，咱们找一件更好的。没有人会大白天穿一身黑色去参加婚礼。

店员：这件是中码的。

店员递过来一条淡蓝色网眼直筒连衣裙。

波比：我外孙女想要穿黑色的裙子去参加白天举行的婚礼。

店员：哦？

店员安静地站着，拿不定该听谁的主意。

贝丝：我只是说我有一条黑色的裙子，我很喜欢并且只穿过一次。

波比：那条裙子太俗气。

店员：我们店里最近刚到了几件很好看的黛安·冯·芙丝汀宝[1]的新款印花裙！

波比：不行。他们这些年用的都是廉价的涤纶面料。我外孙女穿上它就像从扬克斯[2]来的小秘书。凭什么我们一个个要因为黛安·冯·芙丝汀宝结婚后创立了一个时尚品牌，就要穿得不伦不类，像是裹了一圈厨房墙纸？

在场的所有人都沉默了。

沉默持续了几秒。

贝丝：谢谢，我还是试试这件中码吧。

波比：这件绝对合身，否则我就当场把我的头发烧光。

店员走开。

波比和贝丝在棕榈滩共进午餐

---

1　黛安·冯·芙丝汀宝是创办于美国纽约的世界顶级时尚品牌。

2　扬克斯是美国纽约州威斯特彻斯特县的一座市镇。

# ○记 2009 年的一次通话○

贝丝：外婆，这个圣诞节我打算去缅因州见见查理的家人。

波比：去缅因州？

贝丝：就是他从小到大生活的地方。

波比：我记得你说过他上的是寄宿学校。

贝丝：没错，可他的家人都在缅因州。

波比：所以他是被家里赶出来的。

贝丝：他们没有赶他！这只是他们教育孩子的方式。他们全家
　　　人都上过那所寄宿学校。

波比：那好吧。

贝丝：又怎么啦？

波比：在这个家里，我们从不把孩子送走。

贝丝：事情根本就不是你说的那样！

波比：贝丝？

贝丝：怎么啦，外婆？

波比：将来不管查理说什么，你都不能把孩子送去那所学校。
　　　好学校多的是，不见得非得把孩子丢去寄宿学校。

贝丝：外婆，我们才交往三个月而已。

波比：我知道。

贝丝：我们甚至还没开始讨论结婚。

波比：你们会的。

贝丝：这可不好说。

波比：我说会就会。

贝丝：哦？是吗？你凭什么这么肯定？

波比：就凭现在是十二月隆冬，而你却告诉我你要去缅因州。

# 故土

就在我十岁那年，躺在医院的病床上与脑膜炎进行生死搏斗的时候，我母亲跟我讲起了她当年离开或者说是逃离沙俄的故事。

从那以后，我们再也没有提起过这段往事，但它却不停地出现在我梦里。每次醒来，梦里的一切都历历在目——我孤零零地在一艘挤满了人的轮船上。至于母亲为何跟我说起这段往事，如果你非要问个究竟，我敢肯定，那是因为她确信我活不了多久了。她必须确保我知道这件事，死后才能与她的父母和兄弟姐妹相认。没想到我居然活了下来，这多少令她有点儿后悔当初不该急着告诉我这件事。她担心自己从此一看到我就会想起那段恐怖的过去，也担心我从此会惧怕她这个天天做饭给我吃的"老妈子"。

贝丝，不是所有的经历都值得回忆，也不是所有的故事都能和孩子们"分享"。每次我提起这件事，母亲总是反问我："你提它干什么？"或者干脆假装听不见，故意大声唱歌把我的声音盖过去。我知道，那个地方和那段经历早已和她融为了一体，它们白天隐藏在她深陷的眼眶和紧咬的牙关里，晚上则是在她躺下时发出的那一声声沉重的叹息里。每逢听到我发牢骚，她都会话里有话地批评我不懂珍惜现在的生活："芭芭拉，你真是身在福中不知福啊。"甚至会指责我毫不费力就拥有眼前的一切："芭芭拉，你过得太轻松了。"我明白她指的是什么，只得乖乖闭嘴。

母亲给我讲这个故事的时候，天刚蒙蒙亮，光只能勉强透过医院的窗帘照进来，她已经在我床边守了整整一夜。

她闭上双眼，靠在椅背上，开始讲述她的故事："芭芭拉，我来跟你讲讲我在你这么大的时候遇到的一些事情吧。"

故事发生在 19 世纪 80 年代，当时她还是个小女孩，住在白俄罗斯一个叫平斯克的小镇上。那一年，他们刚刚经历了第一次对犹太人的大屠杀，沙皇派他手下的掠夺者们进入犹太人聚居区，把犹太族长们从家里拖出来当街枪毙，村民们一到晚上就灭掉煤气灯，蜷缩在黑暗里，等待着死亡的降临。她告诉我，枪毙完族长之后，掠夺者又挨家挨户杀死了所有的父亲，以各种莫须有的罪名逮捕了他们的儿子，并把他们派往沙皇军队的前线当炮灰。接着他们又强奸了每家每户的女儿，暴打她们的母亲，全村的妇孺都害怕得满嘴胡话，夜不能眠。村口鹅卵石上的马蹄声，每一下都仿佛踏在他们的心上。

少女时期的罗丝，照片上写着"赫维茨照相馆，运河街49号"

早在我母亲出生前，她们一家就已经被沙皇政权拆得四散了。几个孩子中只剩下她和一个哥哥还有一个姐姐，名字分别叫哈伊姆和伯莎。他们相亲相爱，相依为命。她的另外两个哥哥——吉达利亚和肖洛姆，自从被迫加入了沙皇的军队后就再也没有回来。她还有一个从未见过面的小妹妹，名叫贝丽尔。她跟我讲了许多关于他们的事情，但故事讲到这里时，我感觉又热又渴，右耳不停地嗡嗡作响，实在无法集中注意力，于是错过了关于她兄弟姐妹的所有故事。可惜的是，母亲再也没有提起过他们。无论如何，我相信他们都是可爱的人。如今他们和我一样，都"死"了。

她倒了杯水给我喝，我马上又精神了起来。

她接着又告诉我，在她很小的时候，她的父亲，马克斯·布雷泽尔（布雷泽尔是她娘家的姓）常常一路从贫民窟走到平斯克的中心市场去召集劳工组织者；她的母亲莎拉整宿睡在窗边的椅子上盼望儿子们归来；还有她的老师，除了意第绪语外什么也没教她们。

在她和小伙伴们一起上学的路上有一家犹太肉铺。每天清晨，老板都会穿着那条早已被染成粉红色的围裙，一边开门营业，一边朝孩子们挥手，让他们转告他们的母亲，他店里的东西是全镇子最便宜的。但没人会在乎这个消息，因为俄国政府对洁食肉征收的税已经高到让所有人都买不起了。家家户户的餐桌上除了土豆就是用盐和面包调制成的棕色酱汁，那些上好的牛腿却只能待在肉铺的橱窗里慢慢腐烂，最终沦为苍蝇的美食。

1881 年春，沙皇遇刺身亡，白俄罗斯的大街小巷流传着刺杀者是犹太人的说法。那场惊天动地的革命不过是一个阴谋。有传言说，新一轮的大屠杀又要开始了。一天早上，她的父亲神情庄重地离开了家，直到第二天也没有回来。从那以后的每一天，日子过得都像在等候一场暴风雨的来临。

一天晚上，她母亲隔着餐桌看着她，说："这个地方已经待不下去了，罗丝，留下来就只能等死。"她告诉母亲唯一的出路就是去美国。邻居家的男孩说那里是"金色庇护所"，遍地都流淌着牛奶和蜂蜜。"我是去不了了，"她母亲放下手里的汤匙对她说，"但你必须去。"她立刻明白了，这是命令，没有商量的余地。

她父亲有一次在去明斯克的路上认识了一个姓奥特斯基的人，那人后来带着一家老小去了纽约。父亲因此很瞧不起他，认为这个奥特斯基就是个胆小鬼，是他们犹太人里的叛徒。这个名字虽然遭到她父亲的唾弃，却被她偷偷地记了下来，心想将来有一天或许能用得上。为了安全起见，她每天晚上躺下后都小声念着"奥特斯基"直到睡着。第二天一早，她梳好辫子，换上一条干净的裙子就来到了镇上的犹太难民组织办公室，请求他们赞助她前往纽约。这个请求被拒绝了，理由是他们不赞成一个小女孩独自去这么远的地方，并表示他们只为那些"一家之主"提供赞助。她失望地走了出来，生气地朝犹太难民组织的墙上狠狠地踢了一脚，脚趾甲在靴子里瞬间就出血了。

　　看来这笔路费只能靠自己攒了，于是她很快就有了一个计划。她在送牛奶的马车后面跟了一路，直到送奶工同意她跟在自己的马车后面卖抹布。回家后，她把她父亲和哥哥们的旧衣服、旧裤子全剪成一小块一小块的碎布，然后每天跟着送奶工的马车，挨家挨户地把它们卖出去。她把赚来的钱分一半给送奶工，另一半则小心翼翼地存进床底下的罐子里。整整一年她都利用上学前那段时间走街串巷地卖抹布，口袋里叮当作响的戈比和卢布也渐渐多了起来。

　　到了攒下来的零钱足够换成 20 美元路费的那一天，她把行李装进一个小书包，其中包括一对她误以为是金子做的黄铜烛台、一双羊毛袜子、一件她母亲亲手织的披肩，还有一件她自己的羊毛呢外套。几乎没有人看得出她不久前刚满 12 岁。她很想带上自己那只布偶兔子。她拿起兔子仔细端详着，又想到自己实在不忍心去和母亲吻别，于是便把手中的兔子想象成自己的母亲，吻了几下又依依不舍地将它放回了床上。

她说她余生的每分每秒都在为那天没有和她母亲吻别而后悔，以至于后来每当她充满爱意地看着自己的孩子，想象着有一天他们也会像自己当年那样不辞而别时，就会顿时感觉到一股苦涩的胆汁从喉咙口翻涌上来。她停了几分钟，一声不响地坐着。我躺在病床上，迷迷糊糊地进入了梦乡。

我母亲把我摇醒，继续跟我讲后面发生的事情。那天一早，她在家门口等来了送奶工的马车。马车原本打算按往常的路线走，她却请求送奶工把她送到布雷斯特的火车站，为此她愿意多付几个戈比。送奶工非但没有收她的钱，还给了她一个口袋，里面装着十小罐腌鲱鱼，这是他几个星期前就准备好要送给她的。送奶工告诉她，船上的食物都"不洁净"[1]，一路上不吃东西她会饿死的。她接过那袋腌鲱鱼罐头，把它紧紧地攥在手里，由于用力过猛，指甲把手心都抠出了血。

送奶工又建议道："你一到边境就要赶紧去找其他犹太人。他们会照顾你，告诉你接下来该怎么做。一定要找到那些犹太人！"送奶工不厌其烦地跟她强调这件事的重要性，她也一遍又一遍地向我复述他的建议。有那么几分钟，我甚至分不清她是那个送奶工还

---

1　原文为"trayf"，意为"不符合犹太律法的食物"。

是我的母亲，也不明白她说的究竟是哪些犹太人，于是我只好回答："妈，我会找到其他犹太人的。"说完，我们俩笑作一团。接着她又示意我保持安静，好让她继续往下说。

接下来就是关于她如何逃亡的故事。虽然我当时发着高烧，不仅意识模糊，身体也感觉很不舒服，但我仍然可以身临其境般体会到所发生的一切，仿佛这一切我都亲身经历过。后来，当我把这个故事讲给你母亲听，你母亲再把它讲给你听时，相信你们也会有同感。贝丝，虽然这是我母亲当年独自经历的事情，但这段经历也同样属于我们。如果她当年没有勇敢地登上那艘船，也就不会有后来的我和我们了。

故事要从那列火车说起。那列火车花了一天的时间把我母亲从布雷斯特带到了俄奥边境的一个小镇上。火车刚一停稳，她就开始四处寻找长相像犹太人的人。这时，一个满脸胡子的壮汉从过道上走过来，停在她的座位前，用意第绪语问道："是犹太人吗？"她拿不定主意该如何回答，因为这个答案可能会要了她的命，也可能正相反。她决定豁出去了，于是就点了点头。

那人抓住她的胳膊，把她带下火车，走进了夜色里。一路上她都把书包紧紧地抱在胸前。她跟着这个男人走了好几个小时，双脚早已在鞋子里磨出了血。她在黑暗中一路前行，始终不敢回头。

她随着那个男人顺利通过了一个边境检查站，然后被带到了一所被称为"中转站"的房子里。那里聚集了很多和她同路的犹太家庭，他们各自安静地吃着自己带来的面包和犹太炖菜。负责这个中转站的是一个女人，她嫌弃我母亲看起来"脏兮兮的"。母亲眯起眼睛，提醒自己不要为此而生气。她深知，自己现在看起来越脏，就越能说明她这一路经历了多少艰险，能活到今天有多么不容易。

第二天早上，母亲和另外两个落单的女孩被一同带到中转站的后门，又被一起塞进了一辆装满土豆的马车。她们蜷缩在车里，马车在鹅卵石路面上剧烈地颠簸，母亲的一颗蛀牙被自己的膝盖给磕掉了，瞬间鲜血直流，身上的外套也被染红了一大片。经过好几个小时的颠簸，她们三个被送到了另一所房子里，那里的人给了她们一些新衣裳和鲜牛奶。当她们在黑暗中醒来时，面前站着一位慈祥的老人，他的脸上戴着一副圆圆的金边眼镜。老人对她们说："那艘船在汉堡。"

老人再三强调"汉堡"这个词，直到我母亲也跟着他复述了一遍。于是他微笑着取走了我母亲身上所有的钱，换成了一种她不认识的货币交还给她。他怜悯地拍拍我母亲的头，母亲则扬起下巴，挺起胸膛，舒展双肩，尽量让自己显得成熟稳重一些。最后，这位老人把我母亲和另外来自沙俄的一家人一起送到了火车站，并把车票递到了他们手里。

母亲又跟我讲述了在这趟开往汉堡的火车上发生的事情。在车上的几个小时里，她看到整个欧洲从车窗外飞驰而过，有茂密的森林，工厂聚集、大楼林立的城市，一望无际的农田，还有在远处山坡上只有斑点大小的牛羊。她迷迷糊糊地睡着了，好像还梦见了牛奶。不知过了多久，她在几个女孩的叫喊声中醒来，听到她们正激动地喊着"汉堡！汉堡到了！"。

火车在一条大河的岸边停了下来，她后来才知道这里是海，不是河。从小到大，无论是在歌词里还是在母亲讲的故事里，大海都是蔚蓝色的，一眼望不到边。而她眼前的这片海却是深绿色的，海水散发着死鱼的腥臭味，空气中弥漫着烧煤时出现的刺鼻的味道。她突然想到自己的母亲肯定从没见过大海，她心里想，万一我被遣送回去，我一定要回到平斯克，告诉妈妈真正的大海是绿色的。她告诉我这是她第一次，也是最后一次允许自己在辗转中想起自己的母亲。

她下车后就和其他几个女孩走散了。汹涌的人潮把她一直推到了售票处。售票处前一片混乱，她奋力地踮起脚尖，一边把手中的20美元递给售票员，一边大声地喊"去纽约"，这是她这辈子说的第一句英语。售票员递给她一张纸质船票，上面的字她一个也不认识。售票员指了指其中一堆人群移动的方向，她立刻加入了他们。她把书包紧紧地抱在胸前，双脚几乎不能着地，被人群半推半架着朝码头的方向移动。

临登船前，一位医生过来梳理了她的头发，检查了她的口腔，又一把拉开她的外套，褪下她的衣袖，把一根巴掌长的针扎进了她的胳膊。她拍了拍胳膊，告诉我那一针留下的伤疤至今还在，我明显感觉她手臂上的肉在衬衫下面颤抖了几下。

检查结束后，小贩们试图向她推销升级版的通行证，说白了就是花钱买一间私人船舱和一张特别餐券。这是一群满嘴谎话、见钱眼开的恶棍。好在来之前送奶工就提醒过她要警惕这帮人，之前他们村子里就有人上过他们的当。

船上又暗又热又拥挤，这是她这辈子去过的最嘈杂的地方。机舱里传出蒸汽机的轰鸣声，那声音在四壁都是金属的船舱里日夜不停地回荡。她和另外四个人挤在一间只有两张帆布床的船舱里，所以她们只能轮流睡觉。轮到她休息的时候，她又经常被船舱里的气味熏得恶心想吐，根本无法入睡。那气味来自船舱中间的板条桌上摆着的一锅发臭了的炖肉。这股味道与两百多人的体臭交相融合，她只要一闻，眼泪就止不住地往下流，胃里就一阵阵地翻腾。船舱里没有专门用来洗漱的地方，她只能在一个罐子里大小便，同舱的五个人共用一个罐子。由于身处密闭的船舱里无法分清昼夜，她越发地感觉这样的日子永远也熬不到头。

至于船上的水手，母亲只用了"败类"两个字来形容，她说他们会趁着夜色偷偷溜进船舱。说到这里，母亲的声音变得有些颤抖，显然不想再多说关于水手的话题。她擦干我额头上的几缕湿发，盯着我看了许久才又继续往下说。

船终于靠岸了。下船时她只带走了自己的书包，把那件吐满了污秽物的外套留在了船上。她说在她到过的地方里，只有纽约的空气最清新、最温暖。她在纽约港的一个小岛上排队等候了好几个小时，和她一起排队等候的有上千人，大家在一片紧张的气氛中默默地为自己的命运向无数个神祷告。这时她耳边又响起了送奶工之前的提醒："千万不要揉眼睛，也不要挠头，否则他们会把你送回来的。"于是她硬撑着不让自己眨眼，时间一长，其中的一只眼睛差点儿就瞎了。

她在又热又挤的人群中站了好几个小时，直到一个男人在纸上用力地写下了她的名字，又在上面盖了章，她才被允许去到房子的另一头。

她告诉我当时她的口袋里一直揣着一张纸条，纸条上用铅笔写着"奥特斯基"几个字。

那时，她并不知道这个姓一到这个岛上就被改成了"奥蒂斯"，也就是后来她结婚后冠的夫姓，也是我的姓氏。

这一切就这么发生了，贝丝，这绝对是个奇迹。母亲对我说："这就是命运，芭芭拉。我和你父亲命中注定要在一起。"130年后的今天，我们又命中注定地有了你。

## 我的婚礼

你的犹太名字叫绍莎娜，在希伯来语里是"玫瑰"的意思，相当于和我的母亲罗丝同名。

我举行婚礼的那天早上，我母亲突然想到她连一双正式的鞋子都没有。

哥哥利奥在两周前就想给她钱，劝她去买几件新衣裳，她却不以为意，还笑骂利奥太无聊。

"你得去买件新裙子了，妈妈。"

"裙子我有的是，有两件呢！"

"你就买吧，拍照的时候得穿得像样点。那些照片是要被放进相册里永久保存的。"

"大家想看的是你们的芭芭拉，又不是我。"

她每次跟哥哥们说到我，前面都得加上"你们的"三个字。

我这辈子从没见过母亲逛过正式的服装店，她的衬衫和裙子全是从慈善商店里淘来的二手货，破了就缝缝补补地继续穿。她从不在意自己的外表，一切都为了我们几个孩子。她很看不惯隔壁那家意大利人。每逢周日，那家的女主人都要涂上颜色艳丽的口红，穿上皮草大衣，大摇大摆地去教堂做礼拜，母亲见了总是不禁小声嘟囔："穿成这样要给谁看？给圣灵看吗？"

我的大哥大卫是在我五岁那年从法学院毕业的。参加毕业典礼那天，母亲照例穿着她那件棕色裙子和那件污迹斑斑的白衬衫，戴着那顶邋遢的旧帽子。出门时，她不小心"错拿"了我父亲的羊毛夹克，这件夹克对她来说也就小了五码半吧。从绿点到晨边高地[1]有整整一个半小时的车程。她坐在公交车上，自顾自地哼着小曲，一副全世界最自豪的样子，那件夹克的袖子紧到根本无法让血液正常流经她的胳膊，她竟丝毫没有察觉。

利奥试图提醒她："妈！这件外套勒得你都无法呼吸了。"

"那有什么关系？"她大笑道，"谁会在乎一个老太太的衣服合不合身呀？"

关于这个事情，贝丝，我只想告诉你五个字：乔治·阿玛尼[2]。

我们来到哥伦比亚大学，校园里到处都是挺拔的圆柱和弯曲的青铜拱门，那些高大的白色建筑是那么的壮观，我至今都忘不了。每一个从你身边经过的人都气宇轩昂，他们不仅穿着西装打着领带，就连皮鞋都擦得锃亮，人人手里都拎着一个棕色的公文包。我猜这

---

1 晨边高地是纽约市曼哈顿岛西北部的一个社区，也是哥伦比亚大学的主校区。
2 乔治·阿玛尼是意大利著名的时装设计师，奢侈品牌创始人。此处可同时指代其创办的奢侈品牌"阿玛尼"。

些人这辈子都没有听说过"绿点"这个地方。想象中他们的家应该是那种宽敞无比的大别墅，里面有无数个房间，每天回家都有仆人在门口对他们鞠躬或行屈膝礼。

我们依次进入会场，和其他几家人一起坐在大草坪上的一排排长椅上。前后左右的人个个都比我们干净整洁，神情也更加自然。他们似乎都很放松，甚至有些无聊，一边用手里纸质的节目单为自己扇风，一边幻想着午餐要吃些什么。

母亲独自哼着小曲，眼睛直勾勾地望向前方。我看到她的太阳穴在冒汗，汗水在她的耳朵前形成一小股细流，顺着脖子淌下来，再汇聚到她的衣领上。利奥显然也发现了，他说："妈，看在上帝的份儿上，把扣子解开吧。"母亲示意他不要说话，然后挺直腰杆，用力把肚子往里一收，又顺手戳了一下利奥的肋骨。

我们等啊等，终于看到台上一位戴着滑稽帽子的男人大声喊道："大卫·奥蒂斯！"那声音响彻整片草坪的上空。

母亲瞬间从座位上弹了起来，把两个手指放到嘴唇上，大声地吹着口哨，坐在我们前排的一家人纷纷回过头来瞪着她。正当她高举双手激动地鼓掌时，那件该死的夹克在她的腋下裂开了。只听"刺啦"一声，衣服上刹时出现了两个大口子。这下可好，全哥伦比亚大学的人都看见了她外套里面那件被汗水浸透了的衬衫。我感到前所未有的羞愧，脸颊热得发烫。

我抬头看了她一眼，此刻的她容光焕发，我长这么大还是头一回在她脸上见到那样的神情和笑容，可以说我几乎就没见她笑过！

她激动得热泪盈眶，双手紧握于胸前，嘴里不停地说着："那是我儿子，我的儿子！"

远处的台上，大卫身穿一袭飘逸的蓝色长袍，他先是走向他们的院长，再转过身来对台下所有人，尤其是我身边这位女士，挥手致意。正因为当年还是孩子的她勇敢地登上了那艘船，几十年后的她才能坐在这里，骄傲地看着自己的孩子与这些大人物握手。

话说回来，在我婚礼当天的早上，我母亲一觉醒来发现自己没有一双可以搭配礼服穿的鞋子。

此时我已经去到位于街尾的利奥家里开始为婚礼做准备。利奥的妻子莉莉是个了不起的女人，我的婚纱就是她亲手缝制的。她带我去服装区买了很多象牙白的缎子，把它们别在一个人体模型上，就这样一针一线地做出了一件世上最好看的婚纱，典雅飘逸，后面还拖着长长的裙摆。

一切准备工作都在有条不紊地进行着，而此时我的母亲却站在衣柜前发愁。那一天恰逢周日，整条街除了五金店之外没有一家商店是开着的。无奈之下，她走进一家五金店，买了一罐黑色油漆和一把刷子。回到家后，她在门前的台阶上铺了些旧报纸，拿出自己平时干活时穿的那双棕色短靴，用买来的油漆把它们仔仔细细地刷成了黑色。足足刷了三遍。

那些去教堂做礼拜的人路过时看到了这一幕，他们一定都以为她疯了，心想：噢，奥蒂斯夫人为何要把好好的一双鞋给毁了？"你好呀，奥蒂斯夫人！"他们好奇地打招呼。母亲理都不理，她迅速把鞋子吹干，穿上，又系好了鞋带，提前一小时来到了礼堂。

婚礼结束后，主持仪式的拉比让他的秘书给我父亲寄来了一张清洗礼堂地毯的账单。

发票上写着："过道上来来回回全是黑色的脚印。"

波比与父母在她大学毕业典礼上的合影

◯记 2012 年的一则语音留言◯

贝丝，如果你试穿了一件裙子，却没有很想马上穿出去炫耀一番，那就立刻脱掉它，想都不要再想。

## 你的外公

18 岁那年，我离开布鲁克林，来到了曼哈顿。

我考上了亨特学院[1]，当年那里招的全是女生。乔吉甚至比我还兴奋，入学第一天他就专程雇了辆计程车来看我。这一趟少说也得花 10 美元，这在当时可是一笔不小的数目。车子就停在教学楼的外面，我一下课就看见他故作潇洒地倚在车上等我。他显然为这次见面精心打扮了一番，不仅穿了三件式的西装，还戴了一顶帽子。"我的小妹妹现在是大学生了。我必须亲自来瞧一瞧。"说完这句话，他亲了一下我的脸颊，又拍了一下那辆计程车的引擎盖，扭头坐回了车里。那派头，简直了！

两年后，我邂逅了你外公。

那是在一辆普通得不能再普通的公交车上。那天我坐在车上，腿上放着我的数学作业。我从眼角的余光里瞥见一个穿着男生联谊

---

1　亨特学院是纽约市立大学的分校之一，建于 1870 年，原为纽约市的公立女子学院，从 20 世纪 70 年代起始录取男性学生。

会毛衣和一双旧鞋子的年轻人正一寸一寸地往我这边挪。起初，我以为他想过来搭讪，后来我才发现，他感兴趣的不是我，而是我面前的作业。他很费力地看着那一个个数学方程式。车上很挤，但我能感觉到他的目光越过了我的肩膀，牢牢地盯着我的作业纸。你猜怎么着？我开始故意犯一些愚蠢的错误，比如把数字弄混。事实上，我的数学一直很好，这得归功于我那几个哥哥。但眼下这个男人在我头顶上盯着我，呼吸时把气都吹到我的脖子里了，我必须捉弄他一下。于是我故意在答案后面随便加一个零，或者把正确的答案划掉，全改成错的，而且每一笔都写得很大、很醒目。我对天发誓，你外公直到今天都没有看穿我当时的小心思。

可想而知，他立即像找到什么宝藏似的，得意地喊道："错了！"你说可笑不可笑？我们在一起的这70年竟然是由一个"错误"开始的。于是我转过头去，狠狠地说了一句："不好意思，我不喜欢在公交车上被一个陌生人批评。"他笑着回答："我可没有批评你，我只是在陈述一个事实。"他当时用的是"ain't"[1]这个词。好好的一个犹太青年，说起话来却像个乡巴佬。可就在那一瞬间，不知是因为他那张圆脸上嵌着的那双蓝眼睛（那是我见过的最蓝的眼睛），还是那双眼睛里透出的一丝洋洋得意，我当下就做了个决定。我挪开两个座位，把笔记本往中间的空位上"啪"地一扔，然后把铅笔递给他，对他说："既然你这么想帮别人做作业，那就请便吧。"

---

1　英语俚语，表示所有系动词和助动词的否定，常被受教育程度较低的人所使用。此处指人物在前一句中所使用的否定词。

他伸出手来，自我介绍道："汉克·贝尔，城市学院[1]工程系。"

我礼貌性地握了一下他的手，回敬道："波比·奥蒂斯，亨特学院数学系。"

三年后，我们又坐在了一起。这一回摆在面前的不再是数学作业，而是我们婚礼上的酒酿樱桃。

话说我和你外公在公交车上相遇之后，第二天他就开车来接我了。他从朋友那里借来一辆老式旅行车，开着它来到位于西街的我父母家。这应该算是我们的第一次约会吧。他下了车，向我母亲做了自我介绍（她当时什么也没说），我便随他出去了。那天我戴了一串假的珍珠项链，那是我考上大学时乔吉送我的。出门上车时，我感觉到了自己在你外公心里的分量。他昂首挺胸地走上前来，一手为我打开车门，另一只手牵着我直到我坐进车里。

他意气风发地坐进驾驶室，转动车钥匙准备出发，只听车子发出了一阵可怕的隆隆声，随后就"砰"的一声熄火了。他又试了一次，尽管引擎声嘶力竭地配合着，但最终还是没能发动起来。我们尴尬地坐在车里，一句话也没说。见你外公的脸色越来越苍白，我实在憋不住了，把头往后一仰，放声大笑起来，笑得我眼泪都出来了。起初他感觉备受打击，还一个劲儿地转动车钥匙试图让车子动起来，后来他也不得不放弃，索性跟着我一起笑。那是一种毫无保留的、灿烂的笑，我当时就感觉小鹿乱撞，一颗心差点

---

1　城市学院全称为纽约市立学院，建于 1847 年，是纽约市立大学的前身。

儿从嗓子眼儿蹦出来。他笑得上气不接下气，肩膀一颤一颤的，那双眼睛更是眯成了一条缝，就像是从他脸上消失了一般。我明白自己已经无可救药地爱上了这张笑脸和这个人，为了他我做什么都愿意。假如人死后还被允许看见一样东西，那我一定会选择你外公那张极富感染力的笑脸。

波比和汉克在佛罗里达度蜜月

我们总不能一直饿着肚子坐在这辆破车里吧，该干什么还得干什么。于是，我把他带进屋去，在楼梯下面冲楼上大喊，终于把我哥哥利奥喊下来为我们当司机，那天的约会才总算没有泡汤。我们去了一家犹太熟食店，一人吃了一个和你脑袋一样大的牛肝三明治，我还点了一份鸡蛋奶冻作甜点。他开来的那辆破车在我家门口停了整整一个星期才有人来把它拖走。

至于我大学毕业后你外公如何拿着一枚在伍尔沃斯百货买的小戒指来向我求婚这件事，我记得我已经和你说过不下一千次了。那枚小巧的戒指上刻有一个凹槽，在阳光下看就像是镶了一颗钻石。他当时激动得泪水在眼眶里打转，我也几乎是哭着答应了他的求婚。我敢保证，那句"我愿意"绝对没有人比我回答得更响亮。

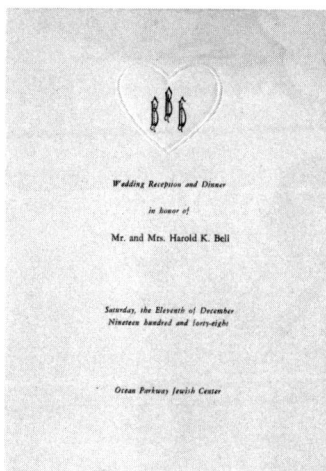

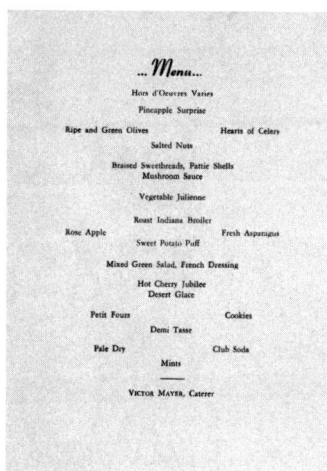

波比和汉克的婚宴菜单

　　但我父亲却不看好这门婚事。他压根就瞧不上这个开着一辆破车的穷小子。可见一到女儿谈婚论嫁的时候，他就把那些"进步"的观念忘得一干二净。我当时一心只想嫁给你外公，于是，一天早上我看着他说："我今天就想嫁给你。"说完，我们直接就去了婚姻登记处，还顺道去法院附近的街角商店花三美分买了一束满天星。我们就这样偷偷结了婚，一个人也没告诉。从此，你外公每天晚上都要对我说:"晚安,贝尔太太。要是我第二天见不到你,贝尔太太,那就连早安也一起说了吧。"

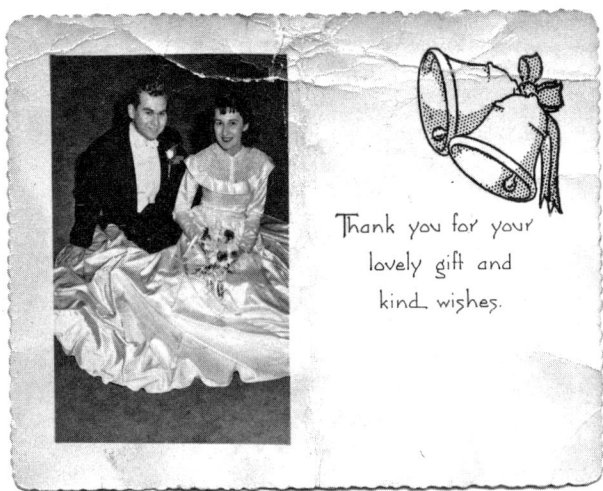

Thank you for your lovely gift and kind wishes.

波比和汉克的婚礼答谢卡

几年后,我们在所有亲友的见证下举行了一场盛大的婚礼。婚礼当天,我身穿洁白的婚纱缓缓向他走去。我隔着面纱冲他眨了眨眼睛,他立刻就回了我一个同样的眼神。在婚礼的宴会上,他举起手中的苹果酒对我说:"敬我此生的挚爱。我愿一辈子以她的幸福为幸福,满足她所有的心愿。"

## ○记 2011 年的一次通话○

波比：贝丝，你总爱把自己打扮得一身黑。

贝丝：瞎说！没有的事儿！

波比：你在雷切尔的婚礼上穿的就是黑色。

贝丝：穿黑色怎么啦？

波比：看起来就像在服丧。那会儿可是夏天啊！

贝丝：可我就喜欢那件裙子。

波比：喜不喜欢不重要，你偶尔穿点带颜色的衣服会"死"吗？
比如蓝色、粉色？你不妨先试试那种非常浅的粉色。人
家现在都流行穿霓虹色。

贝丝："人家"是谁呀？

波比：所有女孩子呀。

贝丝：你确定是所有女孩子吗？

波比：可不是嘛！杂志上的流行专栏里到处都是霓虹色系的包
包、腰带、羊毛衫，要什么有什么。

贝丝：呃，这些东西听着就不怎么样。

波比：这样吧，你用我的信用卡去布鲁明戴尔百货给自己买几
件好看的、看起来不那么沉闷的东西吧。

贝丝：哈！直说吧，你到底想跟我说什么？

中间没有丝毫停顿。

波比：明年的这个时候你就该订婚了。

## ◯记 2011 年 4 月 3 日的一则语音留言◯

贝丝，要是你好不容易找到一款确实适合自己的口红，就一口气买它 20 支。因为它一旦停产了（这种事经常发生），你一辈子都不会原谅自己。一辈子！别说我没警告过你。

（停顿一秒。）

旧金山有布鲁明戴尔百货吗？该不会只有很小的一间吧？

## 外公的发家致富史

我跟你说过你外公当年是怎么发家致富的吗？要不是 1950 年的某一天，他的人生中出现了一把摇晃不稳的椅子，估计我到死都穷得叮当响。

我敢以你的性命担保，我所说的每一句话都是真的。

我和你外公结婚后就搬到绿点我父母家的楼上去住了。那里说好听点叫"公寓"，实际上就是一层阁楼，再上去就是房顶了。我们用一堵墙勉强隔出两个独立的空间，一间当作卧室，另一间则架起一个炉子来充当厨房。可是整幢房子只有一楼才有自来水，因此我不到万不得已就不洗澡，否则就要当着所有人的面裹着一条浴巾爬两段楼梯才能回到自己的房间。

阁楼上经常闹老鼠，那些老鼠经常被你外公拿着扫帚追得满屋子乱窜。一到下雨天，我们就得在屋里放一个马口铁罐子，整晚数着雨水滴到罐子里的"吧嗒吧嗒"声睡觉。

那时我们俩都已经大学毕业，你外公陆续地干过一些会计的活儿，但几乎挣不到什么钱，而我更是无法为这个家出半点儿力。

波比与汉克在船上

当时摆在我面前的只有三条路：要么去给别人当秘书，要么去做一名老师或护士，无论哪一种都意味着要放着家里的一堆事不管，每天穿戴整齐出门去照料别人的生活。不不不，这些通通都不是我想要的。首先，我不想成天被一个陌生人呼来唤去，所以我当不了秘书。其次，我也不想当老师，因为我做不到天天为一帮熊孩子擦鼻涕。至于护士，她们每天要面对的事情我多看一眼都觉得受不了。因此，我根本没得选。

你外公就不同了，他的确有两下子。他天生就是个推销员。有人把他视作奸商，有时甚至连你也这么说他，我却从不这么认为。在我看来，他这叫足智多谋。

你外公从穿开裆裤的时候起就学会卖东西了。他小时候在布鲁克林长大，当时他父亲在曼哈顿上西区的阿姆斯特丹大道上开了一家小小的糖果铺子，就在自然历史博物馆附近，那是一个富人区。尽管当时他还是个孩子，但已经懂得如何提前一小时从学校溜出来，坐上公交车一路来到上西区，手持一根硕大的七彩棒棒糖，站在父亲的铺子外面为他打广告。每当看到那些有钱人家的孩子穿着考究的校服，背着书包，由他们的保姆领着，从联合学校、三一学校、德怀特学校或者其他什么学校放学经过时，他就会全情投入地开始一段表演——先是夸张地舔一口手里的棒棒糖，然后大声说："我的天啊，这也太……好吃了吧！"或者"哦哟，我这五分钱花得太值了！"

直到他父亲45岁那年突发心脏病去世，这家店的生意一直都很好。

谁曾想到了1950年，你外公却只能在一家建筑公司当会计，领着每周40美元的工资，勉强维持着生计。更糟糕的是，我怀孕了。那年冬天，我要么就是在家拿着扫帚打老鼠，要么就是穿着他的工装裤上街去买菜（我穿不了裙子，因为家里所有的长筒袜都破了）。我过够了这样的日子，于是便使出了我唯一的招数：推他一把。记住了，一个女人一定要懂得在关键时刻推自己的男人一把。

一天晚上，我们拥抱着坐在阁楼的厨房里取暖。风吹打着四壁，震得窗户咯咯作响。突然，其中一扇窗子莫名其妙地破了，玻璃瞬间碎了一地。我不知道它究竟是怎么破的，总之，风一下子就灌了进来。我再也坐不住了，噌的一下站起来，对你外公说："汉克！既然你知道怎么帮别人赚钱，也该想想如何为自己赚点钱了。你得辞职出来自己干。"他说："我需要一间办公室和一个记账员。"我说："这里就是你的办公室，你面前这位就能为你管账。"事情就这么成了。

他花了大概一个月的时间来通读税法和浏览大片土地的地产清单，脑子里渐渐有了一个想法。他在《退伍军人权利法案》里看出了一些门道：凡是专门为退伍军人开发土地和建造房屋的工程，只要有正规的银行贷款手续，就可以获得巨额的减税。贝丝，记得我跟你说起这件事的时候，你说这是在钻空子。你外公可不这么看，他认为这是个绝好的机会。他当年因为年龄太小不能参战，就计划毕业后去制造战斗机，可没等他大学毕业，战争就结束了。这样一来，他也算弥补了自己没能为军队效力的遗憾，既能让那些退伍军人住上物美价廉的房子，又能让怀孕的妻子尽快从逼仄的阁楼里解脱出来，这样的机会他岂能放弃？

于是他打电话给一位做施工监理的朋友布齐，对他说："要论盖房子呢，你比我在行，要说跑业务呢，我比你在行。要不咱俩干脆合伙建房子卖吧？"布齐当场就答应了。他们掏出各自的家当，在《纽约时报》上发布了一则广告，上面写道："两个青年犹太建筑商诚邀您的投资。"哈！他们算哪门子建筑商啊，不过是两个毛头小伙子罢了，一个头戴安全帽，另一个怀里揣着算盘。可认真说起来，他们并没有撒谎，顶多算是要了一点儿小花招吧。

不管怎样，他们在两个星期内就筹足了一笔启动资金。有了这笔钱，你外公很快就到银行办理了贷款手续，堂堂正正地做起了广告上说的青年犹太建筑商。

他很快便相中了长岛高速公路边上的一块便宜的低洼地。严格意义上讲，这片地不算沼泽。他信誓旦旦地保证说这片地充其量就是块湿地，这块地之所以潮湿，大概可以解释为地底下有一条水流经过。由于它的价格实在太便宜了，而且面积也足够大，最终这块地通过了退伍军人管理局的检查，你外公他们也就顺利地破土动工了。

那些年，韦斯特切斯特和长岛一带的郊区开发项目犹如雨后春笋，你外公不得不多花些心思才能让自己的项目脱颖而出。他们的一期工程竣工时已是六月中旬，天气热得跟下了火似的。报纸上每隔一天就有关于气温再创新高的头条新闻，而且通常都带着"十人死于波因顿海滩"这样骇人听闻的标题。

这时，你外公又有了新的想法。七月四日那天，他不惜向人借钱在《纽约时报》上刊登了第二则广告。广告上除了新建房子的示意图和标明位置的地图之外，还有六个醒目的大字："房屋配备空调！"

事实上，只有一套房子是带空调的，就是那套装修齐全的样板房。因为那年头还没有专门的安装公司，所以那台空调还是布齐亲手装上去的。当人们慕名前来参观时，得到的消息是每套装有空调的房子要比普通不带空调的房子贵 700 美元，而普通房子则会为购买它的业主们免费安装一台风扇。于是他们的房子还不到 48 小时就销售一空，唯独剩下那套带空调的房子没有卖出去。虽然没人愿意出高价买下那套房子，但不得不说，这次所有的收益都是那套房子带来的。

你说什么？噢！拜托你们不要这样假清高，就好像你们一个个都不会这么做似的。

那天，你外公正式收工回到了家。他拎着一个皮革公文包径直走进我父母的房间，把全家人都喊了进来："波比，你们快过来！罗丝！山姆！爷爷！大家伙儿都过来！"

此时他的眼睛里似乎放着电，目光炯炯，两腮发红。

见我们所有人都围了上来，他把公文包往雪松树墩做成的茶几上一放，像个孩子一样咯咯地傻笑个不停。

"你们听说过七月份下雪的怪事吗？"他神秘兮兮地问道。

说着他打开公文包，从里面拿出两沓厚厚的钞票，把它们往空中一抛，然后在纷飞的钞票中一把抱起我来，在我嘴上狠狠地亲了一下。我的祖父看了也跟着兴奋地手舞足蹈起来。这一切听起来简直像做梦一样，但的的确确都是真事儿。他们俩就这样一个洒着钱，一个跳起了舞。

在一片钞票纷飞中，我母亲先是怔怔地看着我，然后无比夸张地翻了个白眼。咱们的罗丝·奥蒂斯女士此刻就是名副其实的白俄罗斯版的巴斯特·基顿了。

夏天过去了，你外公卖光了手头所有的房子，又开始物色他的下一块地皮。可是，就在八月底的一个清晨，满屋子的人一大早就被一通电话给吵醒了。

打电话来的是一位女士，就住在你外公卖出去的房子里。她当时正在歇斯底里地发脾气。你外公给过所有的业主一张名片，上面印着我父母家的电话号码。他让他们一有问题就打电话给他，并承诺会亲自上门维修。到目前为止还没有人打过这个电话，或许是因为拉不下这个脸，也可能是他们一眼就看出你外公不是那种会使扳手的人。

但眼下这位女士正暴跳如雷，她在电话里大喊大叫，说她早上起床后正要把狗放出去时，却发现草坪中央有两处地方正不停地往外喷水。"我的房子正在下沉！"她的嗓门大到我在房间的另一头都能听得一清二楚。"你卖给我的是一栋正在下沉的房子，我要给报社打电话！"

"请冷静，冷静一下，不会有事的。这都是这个月雨水较多造成的。"你外公一边说着，一边打着响指提示我为他找来裤子和鞋子。我跑着递给他这两样东西，他一边快速穿好，一边还在电话里安慰那位女士："我一小时后就到。"

你外公坐进车里正要出发，我把怀里的孩子一把塞给了我的祖父，飞快地追了出去，上了他的车。

"你知道这是要去哪儿吗？"

"你以为你一个人应付得了那个尖叫的女人吗？"

"可这件事与你无关，波比。"

"跟我无关才怪呢！"

他再也无话可说，于是我们俩开车去了长岛。那时天刚破晓，四周灰蒙蒙一片。他双手紧紧地抓住方向盘，我一路都在担心那个方向盘会被他掰断。

当我们到达那里的时候，房子外面站着一个摄影师和一个记者。

"汉克·贝尔？请问你是汉克·贝尔吗？"

"是我没错！"

"请问你打算如何为利波维茨先生一家做出赔偿？"

我一把抓住你外公的胳膊，叮嘱他说："房子根本没有下沉，我们也无须做任何赔偿。"

你外公走进屋去，只见利波维茨夫妇正怒气冲天地站在客厅的一把椅子旁。谁知他一张口便讲了个笑话，我气得差点儿没把他"杀"了。他说："虽然房子在下沉，但你们俩的身上倒是一点儿也不湿啊。"

利波维茨太太哪里还笑得出来，她此刻恨不得冲上来把你外公撞个四脚朝天。我立马插话道："我是汉克的妻子，波比·贝尔。"

她把脾气收了收，自我介绍道："我是苏珊娜。"

"我有个联谊会的姐妹也叫苏珊娜，是个很棒的女孩，和你一样，也是个棕发美女。"

"你看起来有点儿眼熟。你上的是布林莫尔学院吗？"

"不，是亨特学院。大概是我长了一张犹太人里的大众脸吧。"

"我们还不都一样！"

我们先是愣了一下，接着又像两个女大学生似的咯咯地笑作了一团。

但那位丈夫的表情依然很愤怒。他指着客厅中间的一把椅子说："看见没？这把椅子是晃的。"

你外公警觉地抱起双臂，问道："你说什么？"

"你坐上去试试就知道了，整幢房子的地面都不平整。"

我一句话也没说，悄悄地递给你外公一个眼神，暗示他：千万别坐，只要一坐上去，你的事业就全完了。

你外公走上前去，扶着椅背摇了两下，说："地板没问题，是这把椅子歪了。"

"不，不是的。就算是，它也是这个房子的一部分。"

"房子里的一件家具歪了跟房子下不下沉有什么关系？"

两个男人顿时面面相觑。此时那两位记者还在屋外等候。你外公决定赌一把，他抓起那把椅子走到屋外，我们几个全跟了出去。那位记者见状一跃而起，他身边的摄影师也赶紧做好了准备。

你外公提着那把椅子来到人行道上，把它举起来对着围观的众人说："他们说我卖的房子在下沉，他们还说这把椅子就是证据。我此时此刻就证明给大家看，究竟是这把椅子有问题，还是这幢房子有问题。"

说着他放下椅子，一本正经地对着它弯腰做了个手势。

"利波维茨太太，您能赏光坐一下这把椅子吗？"

那位太太磨磨蹭蹭地走过来，不情愿地坐了上去。

只听"咔嚓"一声，还没等她坐稳，那把椅子就歪了。

真相大白，我们当即就上了车，头也不回地开走了。

所以，你从小到大上的都是私立学校，一直到大学都不用担心学费的问题，全都多亏了那把摇晃的椅子。

玩笑归玩笑，有件事我还是有必要澄清的——你外公卖出去的那批房子全都好好的。汉克对它们全部进行了翻新，因此这些房子一点儿问题也没有，除了每隔一两年长岛湾发洪水的时候，前院的地下水位上升，人们才能有幸看到几只鸭子在他们的信箱周围游泳。

后来，你外公渐渐对卖房子失去了兴趣。像这种莱维顿[1]式的房子他已经卖了成百上千套。每开发一个项目，一个周末的工夫就能卖出去四五十套，每套房子的价格从两万到八万美元不等。那些年他几乎成了一台印钞机。他很快就厌倦了这种经营模式，他需要一个新的市场，一种新的挑战，最好是比之前更简单省事。于是他把长岛的开发项目留给了布齐，自己又重新上路了。

他很快就发现了另一种建造房子的方法，使用这种方法不仅盖出来的房子物美价廉，还不受制于当时业内默认的老规矩——向黑手党支付劳务费。这种新的建筑方式被称作"预先制造"，简称"预制"。简单来说，就是把所有部件都提前在工厂里制作好，再运到工地现场，按照图纸把房子搭建起来。这种方式的好处是造价低，工时短。

当时全世界只有俄罗斯人在用这种方式盖房子，因此大家都认

---

1　莱维顿在美国是一个著名的词，指的是莱维特父子建造的郊区城镇。这种城镇的发展引起了美国城市化格局的重大转变，大大促进了美国城市的郊区化。

为这种技术来自苏联。你外公从报纸上读到了这一消息，不禁大为赞叹，他说："波比，这群人只要一天的工夫就能盖好整整一层楼。每个房间都是事先在工厂里制造好的，管道、电线样样齐全。"

"听上去真不错，汉克。"

老实说，这在当时听起来就像科幻小说。但你外公既然拿定了主意，就一定有他的办法。20世纪60年代，住房和城市发展部在全国范围内发放了22笔补助款用于支持建预制房，以帮助更多的家庭住上这种经济适用房。

这个政策又被你外公给赶上了。他获得了其中的一笔款项，并且被派去向苏联人学习战后的建筑技术，美其名曰"执行外交任务"。当时的官方就是这么报道的，"执行外交任务"。在那里，他见到了他们的住房部长，走访了大大小小的工厂。回到美国后，他被叫去盘问了好几个小时，每件行李都要被人里里外外地仔细检查。从60年代到70年代这段时间里，你外公去了苏联不下十次。

你母亲有一回忍不住问他是不是间谍，他冲她眨了眨眼，说："罗比，我可以告诉你这个秘密，但这样一来我就不得不'杀'了你。"你母亲吓得号啕大哭。我气得拿报纸直敲你外公的头。

首次苏联之行结束后，你外公一回到美国就用那笔补助款在布朗克斯区北部的伊斯特河沿岸买下了一家工厂。他雇用了一大批非工会组织的员工，按工会的标准给他们发工资和一切该有的福利。他去到当地的社区，发现那里的居民穷困潦倒，失业率极高。于是他就到教堂和一些比较有人气的餐馆附近派发传单。当工厂建成并投入生产时，他已经招满了所有的岗位，用的几乎全是当地人。他没有雇用外地员工，因为他一心想为整个社区谋福利，不仅仅是流水线上的工人，还包括工头、会计和前台的秘书。他相当于把整个工厂交给了一群住在福特汉姆高地附近的当地人来经营。

第二年夏天，他就在跨布朗克斯区的高速公路上挂出了一个广告牌，上面展示了一家人幸福地在碧波荡漾的泳池休闲游泳的画面，背景中隐约可见一座气派的灰色大楼。当然还少不了一句富有创意的广告词："轻松畅游新生活！"无人不夸赞他是一个销售天才。随着起重机把最后一层楼铺设到位，这个项目的所有单元也宣告售罄。

你外公吸取了之前不小心把房子盖在湿地上的惨痛教训，这一次公寓的方方面面都堪称完美。别忘了他可是工程师出身，可以轻松地说出在什么温度下干燥的混凝土更轻也更能承重；他结合了从八家苏联工厂里学来的技术，最大限度地提高了建筑材料的质量和建筑物的耐久性。这样的房子只需极少次数的维护，既经济又耐用。

直到今天，你外公开发的第一个预制高楼的项目仍是韦斯特切斯特最高的预制住宅楼。他每年都会跟你提起这件事，提得不多，也就 30 来次吧。

在他所有的作品中，只有一个建筑能够比预制住宅楼更令他自豪，那就是他的树屋。那是在 1965 年，全国上下都对即将问世的核导弹感到莫名的恐慌。我们在阿兹利的邻居甚至在自家的后院挖了个大大的防空洞，往洞里浇筑了厚厚一层混凝土，还在里面囤放了几箱罐头、一个氧气瓶和几个睡袋,成功打造了一个躲避爆炸辐射物的掩体。这一举动使我不由得紧张起来。我问你外公:"汉克,我们要不要也建一个这样的掩体?"你外公说:"放心,我会给你建一个更好的。"那个周末,他找来一些木材和一辆车载式吊车,在院子里的榆树上搭了一个巨大的树屋,与那位邻居的末日避难所仅一墙之隔。树屋造好的那个晚上,他带我顺着梯子爬了上去。眼前是一张桌子和几把椅子,桌子上铺着洁白的桌布,上面摆着一瓶香槟和两只水晶酒杯。你外公说:"波比,如果真有那么一天,我宁愿和你待在这里,在空中。"那一夜,我们在树屋里待了足足大半个晚上。

这边的预制高楼才刚刚竣工,他们又着手建起了小户型公寓。眨眼间,数百个原本生活条件极差的家庭都纷纷住上了位于市郊的三居室。这里不仅房子物美价廉,附近还有不错的学校,他工厂里的员工在购买这些公寓时还能享受一定的折扣。这样一来,不仅福特汉姆高地的居民们开心,入住新居的业主们也很开心,我这个老板娘自然就更开心了。

总之形势一片大好,直到故事里出现了"黑手党"三个字。

在那个年代,由于黑手党手里握着工会的大权,因此他们在建筑业几乎一手遮天。你外公大胆地采用了这种新的建筑技术,使得那些工会的工人全都面临被淘汰,于是麻烦就找上门了。一天,一辆黑色轿车驶进了工厂,车上下来了两个人,指名道姓地要找你外公。他们去到他的办公室,发现他正在和几个工人闲聊,于是他们就把那些工人赶了出去，要求他立刻关闭工厂。注意，是要求，不是请求。

你外公心里清楚他们此行的目的，于是便问道："工会给你们每份工作的抽成是多少？"其中一人给了他一个数字。你外公看了不禁笑出声来，说："就这个数吗？我可以付给你们双倍。"然后二话不说就开了张支票给他。

临走时，那两个家伙还看中了你外公那辆红色的雪佛兰。那辆车的确很拉风，虽然我总嫌它俗气，但你外公却喜欢开着它招摇过市，经常开足了马力载着我沿中央大街一路去到电影院。总之，为了这辆车，其中一个家伙居然解开大衣扣子，对你外公亮出了一把左轮手枪。你外公毫不迟疑地把手伸进口袋，掏出车钥匙扔了过去。

那家伙临走前还留了一句话："别担心，我会把车牌给你寄回来的。"

一周后，车牌果然被寄了回来，而信封上寄件人的地址居然是你外公卖出去的那幢预制公寓楼。

1968 年秋天，一位出生在德国的美国哲学家给你外公打了一个电话。这位哲学家后来接管了哥伦比亚大学建筑学院的城市规划系。这位名叫彼得的人一直对经济适用房有着乌托邦式的理想，并且一直很关注你外公的举动，研究他如何雇用一批未经培训的人来建造政府保障房、如何支付他们的工资并且提供医疗服务，以及如何帮助当地社区致富。对于彼得来说，这一切简直就是在资本主义制度下实现理想生活的一个生动案例。但你我心里都清楚，你外公思考的不过是如何用最聪明的办法来赚钱。

当时，哥伦比亚大学正计划收购哈莱姆区的部分住宅，并将其改造成大型的体育场馆和一个奥运会规模的泳池。彼得持反对态度，为此他想听听你外公的意见。这个项目会使部分居民流离失所，而且它将与未改造的区域完全隔离开。听起来糟糕透了。彼得需要一个精明能干的帮手，一个了解经济适用房相关法律的人，来帮他与董事会抗衡，以防止哥伦比亚大学沦为一个掠夺贫民窟的霸主。

你外公对土地征用法简直倒背如流，他立刻参与了进来，并起草了一份关于如何保护哥伦比亚大学周边住房项目的计划书。这一次他又赢了。他们推翻了董事会的决定，作为回报，彼得给了你外公一份新的工作，聘请他到哥伦比亚大学的城市规划系任教。为此，你外公专门开设了一门关于建筑行业的课，介绍一些面向建筑师、建筑商、开发商以及买卖双方的房地产创业经验。他把自己那些招数毫无保留地传授给了那帮孩子。

哥伦比亚大学董事会千方百计地想将你外公扫地出门，要不是1968年春天爆发了那场学生运动，他们差一点儿就成功了。学生们发动了起义并占领了学校的行政大楼。在这些学生眼里，你外公是一个为哈莱姆区的贫民而战的人，他们爱戴他，并推选他为教师代表。在学生占领学校期间，他们将"指挥中心"设在哥伦比亚大学的建筑学院，具体地说，就是你外公的办公室。

你小时候经常跟着你外公去他的办公室，他会指着一楼大厅的白色大理石台阶上的一个模糊的印记，让你蹲下来眯起眼睛仔细看。

你根本看不出任何区别，但还是配合地问道："这是什么？"

"这是我磕破后脑勺流的血，是在一次抗议活动中，我被学校保安从办公室里拖出去的时候留下的。"

"他们为什么把你拖走？"

"因为我不想走啊！"

因为他固执，因为他不想因小失大，因为他想让我们过上好日子。

你外公直到 91 岁还在给学生们上课。他的课被安排在每学年秋季学期的星期二上午。他爱他的学生们，喜欢用一些难题来挑战他们，与他们争辩，不断鼓励他们去探寻解决问题的新方法。他在办公室接访[1]的时候，每当有学生问到他的事业是如何起步的时，他立马就两眼放光，嘴角扬起一丝得意的笑，身子不由自主地往前倾，说："我跟你们讲一件真事吧，故事还得从一把摇晃的椅子说起。"

---

1　此处指大学教师的接访时间，教师每周固定安排一段时间对学生开放办公室，学生可在这段时间内与老师进行面谈或向其咨询问题。

## 我最好的闺密

当时和我关系最亲近的，一个是你外公，另一个就是埃斯特尔——我最好的闺密。

埃斯特尔和我是在大学的女生联谊会里认识的，从那时起一直到她 72 岁那年突然离世，我们一直是亲密无间的好姐妹。

波比和埃斯特尔

我们俩都是从布鲁克林考进亨特学院的犹太女孩。当年她家的条件非常艰苦，全家人挤在一间单人公寓里勉强度日，家里唯一的家具就是一张床垫。她父亲的身体很差，我记得她有一个兄弟还是姐妹当时也病得只剩下一口气了，全家只能靠她母亲做清洁工和打一些零工来维持生计。埃斯特尔很有才华，很小的时候就在酒吧里自学弹钢琴。她靠卖唱赚钱，并且把赚来的每一分钱都存起来。她上课从不缺席，看起书来跟着了魔似的。她那一口流利的法语竟然是跟一位阿尔及利亚咖啡师学的。她无时无刻不在看书，吃饭时看，走路时也看。有一回，她因为边走路边看书被一个垃圾桶给绊倒了，额头上留下的那道疤到老也没有消失。我敢以你的性命担保，这一切都是真的。

我第一次见她时，她正坐在女生联谊会外面的走廊上看书。

我走上前去问道："我可以坐在这儿吗？"

她头也不抬地把身子往边上挪了挪。我坐在那儿无所事事，直到她看完一个章节，才又再次说："我叫波比·贝尔。我想我们会处得来的。"

她这才看过来，微笑着和我握了手。她把一头长长的黑色卷发拨向一边，一双蓝灰色的眼睛里闪烁着狼一样的光芒。她是我这辈子见过的最美的人——这一点无人反驳。

我们俩差不多在同一时间遇到了各自的心上人，只不过她的男朋友阿尔伯特和你外公一直都格格不入。你外公很精明，常常一眼就能把人看穿。阿尔伯特则是个脾气暴躁的大块头，有着跟女生一样的梨形身材，还是个酒鬼。但那时他已经是一个准泌尿科医生了，这个专业当时很热门。他出身于一个富人家庭，确切地说是富裕的犹太人家庭。他的父母是奥地利钻石商，在曼哈顿上西区拥有一栋褐砂石住宅[1]。他十分迷恋埃斯特尔，经常在她的教室门口和女生联谊会的外面守着她，有时还会大半夜跑到她家楼下高声唱道："埃斯特尔，埃斯特尔，见不到你我生不如死！醒醒吧，我的美人儿，埃斯特尔，埃斯特尔。"

正如我跟你说的，埃斯特尔的家境十分贫寒。在过去，贫民区的女人不仅要嫁得好，还要争取把自己嫁"出去"。于是她毕业后的头一件事就是把自己从布鲁克林嫁"出去"。她婚后就搬进了弗农山庄[2]的一幢殖民地时期风格的白色大房子，就是门口有几根难看的大柱子的那种。埃斯特尔考取了教师资格证，于是去了那里的中学教法语，她十分热爱这份工作。由于她婚后多年都怀不上孩子，阿尔伯特对她越来越不耐烦。我曾说过他是个暴脾气，用现在的话讲就是"狠人"一个，我们那会儿还没有这个词。埃斯特尔有时会打电话到我父母家（我和你外公当时还带着你舅舅住在我父母家的阁楼上），在电话里小声跟我说话，经常是说着说着就"咔嗒"一声把电话挂了。通常要等上一个多小时，她才又打过来，用一种平静的声音一个劲儿地跟我道歉。

---

1　褐砂石住宅是一种遍布纽约各行政区的独具特色的住宅，始建于 19 世纪 20 世纪初，以褐砂石为主要建筑材料，常用来指代纽约的上层社会的人和富人的住宅。
2　弗农山庄又译为维农山庄，位于美国弗吉尼亚州北部的费尔法克斯县。

我怀你母亲的时候，埃斯特尔也已经怀上了南希。我和你外公在阿兹利买了房子，这里的环境比弗农山庄好，附近有更好的学校。埃斯特尔和我经常互相拜访，我们就坐在厨房里聊天喝茶和抽烟。我们不聊她的丈夫，也不聊肚子里的孩子，只聊一些邻居的八卦和那些愚蠢的家庭主妇，然后就看看报纸或者再抽上几口烟。南希和你母亲分别在十二月和次年的一月出生，只相隔一个月，都是冬天出生的宝宝。

埃斯特尔和南希的母女感情很好，她时刻护着她，不停地教她学这学那。相比之下，我甚至都不知道你母亲是何时开始识字的，直到有一天她指着西尔斯百货的宣传单一字一句地读出"今年流行红色"我才后知后觉。南希和你母亲很玩得来，那是因为她俩大部分时间都只能和对方玩。就连罗宾这么小的孩子都能看出南希家里的气氛有点儿不对劲。她跟我说她很怕南希的爸爸，因为他会抢南希手里的东西。她一个劲儿地说："他抢走了她的东西。"谁知道是怎么一回事。

我永远也忘不了我们四个在阿兹利的厨房里度过的那个下午，那一年南希和你母亲都才五岁。那天一早，埃斯特尔就开车带南希来到我们家。两个小女孩一如既往地在一起玩得不亦乐乎。午餐过后，埃斯特尔和我在厨房里洗碗。我不经意地一抬头，就见她背对着我们站在水槽前，直挺挺地一动也不动，水槽里的水都快溢出来了，她也毫无反应。两个小女孩就在几步以外的地方玩耍，全然不知周围发生了什么。她怔怔地立在那里，脸上悄无声息地挂着两行泪。为了不惊动孩子们，我只好不动声色地走过去，关掉水龙头，默默牵起她的手，陪着她一起做深呼吸。

这件事就这么过去了，我们谁也没有再提。

南希从巴纳德学院一毕业就剪去了一头长发，成了一名身穿长袍的虚无主义者，直到几年后才幡然醒悟回归生活并嫁给了一个房地产律师。埃斯特尔都快被气疯了，可那又有什么用呢？我只好劝她说："去巴黎走走吧。"于是她和阿尔伯特商定，从今往后她要半年留在弗农山庄，半年去巴黎教英语。阿尔伯特为她在塞纳河左岸置办了一套小公寓，她在那里生活得有滋有味，读了不少法语名著，身材也开始日渐发福。可一到夏天，她就又得回到韦斯特切斯特，在那里萎靡憔悴一段时间，直到再次返回巴黎。她在两地间往返了十多年，直到那一次在纽瓦克机场下飞机时突发心脏病去世。后来，我们在她的行李中发现了一些用锡纸小心包裹着的鸭肝。

### ○棕榈滩的早餐时光○

波比：你知道我当年参加过马丁·路德·金在华盛顿特区组织的游行吗？

贝丝：我居然不知道这件事！

波比：我是一个人从白原搭公交车去的，你外公当时气得大发雷霆。

贝丝：为什么生气？

波比：因为我自己一个人三更半夜搭公交车去华盛顿呗。

汉克：我生气是因为你搭公交车吗？大半夜还有公交车搭就已经是奇迹了。

波比：嗯，以我当年的美貌，一个人出门是不太安全。

汉克：算你说对了。

波比：我一下车就直奔华盛顿纪念碑，加入了那里的游行队伍。我们谁也不认识谁，就这么手挽着手前进，直到我晕倒了为止。

汉克：那不叫晕倒。

波比：差点儿就晕倒了。

汉克：瞎说！

波比：我冒着倾盆大雨一路向前走。

汉克：顶多就是场阵雨。

波比：我可以证明那天的雨有多大。

汉克不再插话，望向窗外的大海。

波比：我那天背了一个很漂亮的绿色鳄鱼皮手提包，我以为那包真的是用鳄鱼皮做的。我站上国会大厦的台阶低头一看，才发现我那件卡其色风衣早已被染成了绿色，整个前襟绿一块黄一块的，别提有多难看了！

贝丝：啊？不是吧！

波比：记住这两个教训，贝丝。

贝丝：好的。

波比：不管发生什么事，你都要朝前走。我祖父常说，即使大地在你脚下裂开，你也要一步接着一步地往前走。没有什么事比前进更重要了。

贝丝：那另一个教训呢？

波比：千万别买假货！

## 别后两日

从我走的那一刻起，直到在玛莎葡萄园岛举行葬礼，你还有两天的时间可以打发。你仍旧做不到在查理面前哭，总以为他们不像我们这么矫情。那你就错怪他了，他情愿你向他敞开心扉，也不愿你背着他偷偷伤心。为了不使他为难，你尽量不让人看出自己的痛苦，只在夜深人静时才把头埋进枕头里轻声地呜咽。

接到消息的当天，你的举动会有些不寻常。你会出门去韩国城做一个女性专属的水疗。那地方你之前只去过两次，一次是陪那位律师朋友去的，还有一次是你上了一天班心情很糟的时候独自去的。你开车去到那里（心情不好时，千万别自己开车！），在前台付了20美元。她们问你有没有预约，你说："没有，我没有预约。"你终于开口说了一句完整的话。于是你现场预约了做美甲。没错，你想要修指甲！你给自己的理由是：葬礼上必须保持整洁，指甲绝不能有任何的开裂。果然是我的外孙女！不过这并不重要。

你换上一件淡绿色的薄棉袍，脸色更加憔悴了。你神情恍惚地取了一条浴巾去洗澡。你把自己洗得干干净净，洗发水不小心溅到你的眼睛里，于是你的眼泪再也止不住了。你裸身坐在浴池里，像小时候那样看着自己的手臂慢慢从水里浮上来，奇怪自己为何如此喜欢这种感觉。你环顾四周，发现房间里几乎每个人身上都有文身，眼前是各式各样的动物和几何图形。你顿时后悔自己不曾在身上留下这种永久的印记，你心想：这样就容易辨认了。

这时，一个女人走进来尖声喊着你的名字，于是你快速擦干身子跟着她去了一间通风不良、光线刺眼的美甲室。你为自己挑了个恰到好处的中性色。那位美甲师问你今天过得好吗，你微笑着回答"挺好"，心里却似万箭穿心般难受。

你会在这里待满五个小时，直到天黑才离开。你会在一间粉色的桑拿房里迷迷糊糊地睡着。这间小巧安静的桑拿房里铺着亮晶晶的粉色盐砖，散发出类似面包的香气。桑拿房的天花板看久了像是会随着脉搏而跳动，于是你索性闭上了眼睛。你又冲了一次澡，然后坐进蒸汽浴室里，把潮湿厚重的气体吸进去，让整个肺部充满热量，再大口地呼出来。

你又预约了一项全身去角质的服务。

你会瞅准这个机会放声大哭。这项服务必须在一个金属台面上进行。一位身穿黑色紧身衣的中年技师面无表情地指着一张台子让你躺上去。你面朝下躺了上去，一盆滚烫的热水立刻浇在了你的背上，见你下意识地蜷缩了一下身体，那位技师忍不住笑了。接着，她会把你全身上下都涂满磨砂皂液，开始仔仔细细地搓洗你的双腿、腹部、胸部和手臂。她会像翻肉饼似的把你整个儿翻过来，然后再重复一遍刚才的操作。最后是全身冲洗，这个环节她下手会比之前轻一些，你感觉到浑身的死皮都被水流给带走了，反正都是些没有用的细胞。这时技师会过来摸一摸你的脸，你微微地侧向她，忍不住又哭了。技师问："是我太用力了吗？"你回答："力度刚好。"

你回到家，发现查理正站在门口迎接你。他看上去十分担心，因为你的电话一直打不通。你一头栽进他的怀里，他会稳稳地把你接住。你们一句话也没说，当你抬头望向他时，发现此时他也和你一样，正哭得泪流满面。

第二章

# 你的母亲

在读书这件事上，你母亲和我简直如出一辙。

你当然也有这方面的遗传天赋，

只不过我从来就不指望你能成为一名作家。

但我知道你一定会的。

# 粉红色牛奶

儿时的罗宾

你母亲从小到大都不怎么和我说话。从她很小的时候起，一直到她16岁那年宣布要从家里搬出去，我们对话的次数简直屈指可数。她和我几乎没有什么共同点，除了一点，那就是我们都不爱勉强别人做事。就连平时在家里看书，我们也是一个坐在客厅的沙发上，另一个躲进房间里。她经常下午六点钟就和保姆一起在阳光房里吃晚饭，此时她的哥哥们都还在运动，而我则选择待在厨房里，一边抽烟一边等候你外公回家。这样也没什么不好，至少家里能保持安静。我们就像两艘相向而行的船，虽有缘相见，却从来都只有短暂的交集。

关于孩子的问题，贝丝，你必须考虑清楚。我才32岁就已经是三个孩子的妈妈了。那些年，我渐渐从一个争强好胜、为爱疯狂的布鲁克林女孩变成了一个与世隔绝、成天关在郊区的大房子里对付三个熊孩子的家庭主妇。我的世界瞬间就变小了。两个儿子倒是不用我操心，唯独你母亲从小就离不开我。后来，她察觉到我刻意与她保持距离，就开始打心眼里恨我。每当看到她那双棕色的大眼睛时，我都觉得这个活蹦乱跳的生命无时无刻不在提醒我，有些东西我永远也给不了她。我仿佛不具备所谓的母性本能，因为我一直在为失去了自己本可以拥有的生活而悲伤。我这么说不是在为自己辩解，也不是在跟谁道歉，我只是在客观地描述当时的情况。

就在你母亲幼儿园入园的前一天晚上，事情突然变得一发不可收拾。当时的情景我还记忆犹新。那天晚上，我走进你母亲的房间，那个时间通常是保姆陪着她，在床上给她讲故事。我把她第二天要穿的衣服一件件挑出来摆在摇椅上——一双漆皮玛丽珍鞋、一件装饰着珍珠母贝纽扣的浅蓝色连衣裙、一件白色棉质高领衫，还有一双袜口有花边的白色短袜。就在我醉心于这套完美穿搭的时候，你母亲全程在一旁盯着我看。

"罗宾，坐起来，我好给你梳头。"我命令道。

她那时还不懂得拒绝，于是乖乖地爬起来坐到床边，保姆趁机溜了出去，我从她的梳妆台上取来一把梅森·皮尔森[1]牌的梳子，开始完成一项极其困难的工作。

你母亲长了一头又黑又密的卷发，每次梳头都得费九牛二虎之力才能使它们服帖。这样的发量相对她小小的身躯来说简直多到惊人。我一边梳着，她一边喊疼，甚至开始假装哭闹。我越是抓住她的肩膀，她就越用力挣脱。

"够了，别再演了，要是弄乱了我还得从头再来。"

于是，我第一次听她对我喊出了那句"我恨你"，就在我为她梳头的时候。"我恨你。"她说这句话的时候还不满七岁。

她从此变得十分依赖家里请的每一任保姆。那些年家里换过好几任保姆，其中一位来自爱尔兰，她曾经自作聪明，把一个铜托盘擦到生了锈；另一位来自瑞典，她壮得像头牛，却不幸得了脑动脉瘤，一次在杂货店买东西时当众猝死了；还有一位来自加勒比海，她在一次倒车时撞上了路边的电线杆，吓得落荒而逃；最后一位是被逐出教会的修女，虽然没什么文化，却能做出最好吃的蛋奶酥。你母亲很会讨好她们，有时还会教唆她们跟我对着干。无论我让她做什么，她都阴阳怪气地回答我："遵命，芭芭拉夫人。"可惜那些保姆待的时间都不长，几乎都没有超过一年。

---

1 梅森·皮尔森是经典纯手工制作的发梳品牌，1885年诞生于英国伦敦，被誉为"梳子界的爱马仕"。

有时我会和你外公去欧洲待上一两个月，留你母亲在家，由那些保姆照看。我常常不放心，担心你母亲会加倍生我的气，然后趁机乱翻我的零钱包，或是把我的香烟全扔到后院去喂鹅。

我会在世界各地买各式各样的娃娃送给她，有手持黄铜响板的西班牙舞娘、有瓷白色脸上涂满胭脂的法国艳后玛丽·安托瓦内特、有头戴真貂皮帽子的匈牙利士兵，还有一对脚蹬手绘木屐的荷兰挤奶工。她12岁时就收集了15—20个娃娃，她把它们一字排开摆在正对着床的书架上，每晚都要看着它们入睡。

在这些保姆当中，你母亲最喜爱的一位是加尼耶夫人。这位加尼耶夫人来自蒙特利尔，有个儿子不幸在一场酒吧的斗殴中被打死了。她十分宠爱你母亲，甚至会教她做法式苹果挞。你母亲每次练琴，她都会编一些歌词在一旁跟着唱。有一天，你母亲在学校上学时，我和这位加尼耶夫人不知因什么事大吵了一架，她一气之下辞了职，当天就从家里搬了出去。那天晚上，你母亲第一次尝到了头疼的滋味。

那绝非一般的头疼，事实证明它的后果相当严重。她不仅会疼到尖叫着醒来，还伴有耳鸣和触电般的刺痛感，就连视线也会变得模糊。每次发作她都只能坐在黑暗中不停地前后晃动，直到头不再疼了为止。发作的次数也从最初的一周一次渐渐演变成一周两次。有一回，她疼得实在受不了了，就冲我大喊了一声："再这样下去，我非死了不可！"话音刚落，她整个人就瘫倒在地。我急忙把她抱进车里，送她去了哥伦比亚大学的长老会医学中心。

我带她去看了全纽约最顶尖的神经科医生，他为她做了全套的检查，包括视力测试、头部扫描和一项要使用到电极片的测试。结果一切正常。回家的路上，你母亲一路哭着对我说："你不能就这么不管我了。"

　　于是我又带她去看了镇上的儿科医生。这位女医生的性格很讨人喜欢，家里三个孩子从小到大的小病小痛都是找她看的。她先是认真看了一遍之前哥伦比亚大学那位医生的诊断报告，接着又为你母亲多做了几项检查，然后告诉我她也无计可施。我一个劲儿地恳求她帮帮罗宾。我看着她的眼睛对她说："你至少得给她开点药，好让她不那么难受。"那位医生考虑了一下，说你母亲很可能患有某种癫痫。我觉得这一说法有道理。于是她为你母亲开了一种处方药。后来我才知道，这种药和死刑犯行刑时用的药居然是同一类。

　　那一年，你母亲才十岁。

　　第二天一早她就开始服药。这个药被做成了一种鲜红色的、樱桃口味的糖浆。我会倒一大茶匙在她的牛奶里，搅拌均匀，让她伴着早餐一同喝下。这种被她称作"粉红色牛奶"的药，她一吃就是三年。

　　那三年全家上下都过得很舒心。你母亲的情绪很稳定，交了不少朋友，在学校的表现也很好，成绩在班上一直名列前茅。每逢年底学校评优的时候，"年度最聪明奖"都非她莫属。她在一片掌声中走上台去领奖并与校长握手，在会场耀眼的灯光下笑成了一朵花儿。那三年，虽说我们之间的关系并没有任何改善，但至少我们不曾吵架，相安无事，这就够了。

她 11 岁那年参加了一个露营活动，由于要外宿，我为她准备了两瓶药带着。那几天她几乎完全是自己照顾自己，家长们什么也管不了，于是她就把用药的剂量给搞错了。她在量药的时候错把汤匙当成了茶匙，导致牛奶中药物的剂量过高，把她的舌头都给染成了红色。

由于受到药物的影响，她开始出现梦游的症状。有时半夜醒来才发现自己不在床上，而是莫名其妙地在一间淋浴房里。还有几次是她迷迷糊糊地想闯进食堂，结果刚走到门口就又睡着了，其实那扇门压根就没有上锁。

一天早上，所有女孩都在营地号角的催促下有条不紊地起床和整理床铺。当她们全都整齐地列队等待检查时，才发现队伍里少了你母亲。他们搜寻了整个营地都不见你母亲的踪影，最后不得不将此事报告给了新罕布什尔州当地的治安官，结果还是没找着。于是他们把注意力转向了那片湖水。

那天下午，一个司机开着一辆皮卡在距离营地三英里（约4 828 米）左右的一条泥泞的公路上行驶，无意中发现路边的水沟里有一坨像垃圾袋一样的东西，驶近了一看才发现那根本不是什么垃圾袋，而是你母亲身穿睡衣、浑身是泥地坐在那儿瑟瑟发抖。司机好心地把她送去了镇上的医院，那里的医生询问你母亲是否正在服用什么药，她瞪了那位医生一眼，说："问我妈去。"

接到医院的电话时，我又气又急，在电话里对她一通训斥。出了这样的事我当然会担心，但我知道没什么大碍。医生将她送回了营地，并给了她一把标准大小的量匙。

你母亲13岁生日那天，我刚给她过完生日就带着她去儿科医生那里取药。就在一个星期前，我们刚为她举办了一个很棒的成年礼[1]。你知道那天有多顺利吗？我们在家里吃过午餐，她破天荒地同意去做一个发型，并且很配合地穿了一套淡黄色的连衣裙和一双奶油色的一寸高跟鞋。这一切发生在她身上简直就是个奇迹。（但是，贝丝，你可千万别穿黄色，你的肤色搭配黄色就太死气沉沉了。）

话说我们到了儿科医生那里才发现大门紧锁。我可是特意放弃了别的计划过来的，怎能空着手回去？于是我生气地一边用力拍门，一边大叫。你母亲非但没有帮忙，还在一旁冷眼看着，嘲笑我记错了日子。过了一会儿，我隐约听到门里面传来一阵开锁声，磨磨蹭蹭地花了有一分钟。

门终于开了，眼前正是那位我们熟悉的儿科医生。可此时的她一丝不挂，全身上下只戴了一副眼镜，一对乳房在我和你母亲面前暴露无遗。她双眼怒睁，顶着一头乱发站在门里面。我一把关上那扇门，二话不说，拉着你母亲就往回走。我开车把她送回了学校，从此不再给她吃那种处方药。

若干年后，在你母亲就读哥伦比亚大学医学院期间，那位曾经为她做过检查的医生去世了。哥伦比亚大学专门为这位执掌神经内

---

1　成年礼又称"受戒礼"，专指为12—14岁的犹太女孩举行的成人仪式。

科长达 35 年的权威主任举行了一场隆重的纪念仪式，校园里随处
可见他的照片，你母亲一眼就认出了他，于是跑到他生前的办公室，
向那位伤心得泣不成声的秘书报上了自己的姓名，问她要了一份自
己 20 年前的病历来研究。你母亲从她手上接过一个文件夹，封面
上印着"罗宾·贝尔，1964 年 5 月 12 日"。

她打开来一看，记录里白纸黑字地写着"嗅觉过敏"几个大字，
意思就是"嗅觉异常敏感"。

## ○记 2011 年 12 月的一次通话○

波比：贝丝吗？

贝丝：怎么啦，外婆？

波比：哈！太好了，贝丝，谢天谢地电话终于打通了。你们还
　　　没去优胜美地公园[1]吧？

贝丝：还没，我们正在打包行李，一会儿就要出发了，怎么啦？

波比：你会被冻坏的！听说那里很冷！

贝丝：我知道，所以我们准备了好多保暖的衣服，放心吧，我
　　　会一直待在室内。

---

1　优胜美地公园是位于美国西部加利福尼亚州内华达山脉西麓的一个国家公园，占地面积
　　约 1 100 平方英里（约 2 849 平方千米）。

波比：你才不会呢！你肯定一有机会就往外跑。你妈说你们还
　　　要去越野滑雪。

贝丝：是啊，查理一家人都很喜欢越野滑雪。

波比：我实在想不通，这也太荒唐了！那根本不叫滑雪，说白了，
　　　那就是在雪地里连滚带爬。

贝丝：这样才有趣嘛，既是户外运动又不会太难。我们已经在
　　　缅因州的一个高尔夫球场里练习过了。

波比：可那里毕竟不是高尔夫球场，万一你把腿摔断了，站不
　　　起来了，一个人在荒郊野外可怎么办？

贝丝：怎么会一个人？查理他们一家人都在呢！

波比：哦？那正好让他们看你的笑话，看你前脚刚踏出家门，
　　　后脚就摔得四脚朝天。

贝丝：放心吧，查理参加过五次夏令营，专门带孩子们进行户
　　　外探险。没有人比他更懂灾难应急了！

波比：你跟那群十几岁的男孩子可怎么比？一旦发生紧急事件，
　　　他可以轻松地背起他们就走，你的块头可不算小啊……

看向一边。

贝丝：查理，你要不要过来跟我外婆解释一下，我不会死在优
　　　胜美地公园的。

查理：我可不想掺和进去。

贝丝：查理说不会有事的，一切包在他身上。你一开始不是担
　　　心我会不会冷吗？

波比：谁规定我一次只能担心一件事？他们就不能带你去些正常的地方吗？就算要滑雪，也可以去那种附近有酒店可以休息的、正规的滑雪场嘛。

贝丝：他们就喜欢这种环境艰苦的、亲近大自然的活动。

波比：那是因为他们从没吃过苦。他们哪里懂得在阁楼里拿着扫帚打老鼠和一周挣 40 美元工资的日子是怎么过的。

贝丝：我怎么记得是 45 美元？

波比：没被饿死就不错了。

贝丝：拜托你能不能……

波比：你们知道什么叫真正的艰苦吗？那就是得了脑膜炎奄奄一息地躺在稻草床上，唯一吃得起的药就是从隔壁意大利人那里买来的鱼肝油，听说那家儿子的手还被卷进过绞肉机里。

一阵沉默。

贝丝：外婆，我不会有事的。

波比：你的外套有保暖内衬吗？

贝丝：放心吧，有的。

波比：记得戴上帽子。

贝丝，你外公说优胜美地公园一带有棕熊出没。他说因为游客们经常给它们投食，那些熊都快成家养的了。如果你遇到了这样的熊，身上又没有东西可以喂它，你猜它会吃什么？不过这还不算最糟糕的，大灰熊才真叫恐怖呢！一旦碰上，就算想躲也来不及了。我是认真的，贝丝。你必须小心再小心。

## ○两天后的又一次通话○

贝丝：外婆，我刚听到你的留言。我现在在野外，这里的手机信号很弱。

波比：贝丝，谢天谢地，总算有你的消息了。

贝丝：我问过查理了，他说那些熊都在冬眠呢。

波比：那都是瞎编的，它们随时都会醒来找东西吃。

贝丝：我被熊攻击的概率是极小的。说到动物，我们明天打算去骑马！马吃草，不吃人，这回你总该放心了吧。

波比：噢，天啊，贝丝！

贝丝：我说错什么了吗？

波比：我跟你说过你妈的朋友，利萨·贝尔斯基的事情吧？

贝丝：说过。她没戴安全头盔就……

波比：她当时正在法国南部度蜜月，她和她的新婚丈夫为了追
求浪漫，就骑着马去葡萄园或别的什么地方兜风。没想
到骑着骑着，利萨的那匹马突然受到了惊吓。谁知道是
怎么一回事，或许是被蜜蜂蛰的吧！那匹马一下子把她
从马背上掀了下来，她头朝下，重重地摔在了地上，立
马就瘫痪了。你知道后来又发生了什么吗？

贝丝：发生了什么？

波比：她丈夫抛弃了她，跟一个空姐跑了。

# 读书这件事

身着正装的波比与汉克

　　我和你外公是在他赚到人生的第一桶金之后才彻底搬离布鲁克林的。在此之前，我们先是在我父母家的阁楼里蜗居了一段时间，而后又搬去与利奥和莉莉同住，在那里我们有了你舅舅拉里和你母亲。你母亲还在襁褓之中时，只要她半夜肚子疼一哭闹，一屋子的人就都得被她吵醒。

决定搬家的时候，你外公的想法是离布鲁克林越远越好，我却坚持要把房子买在通往纽约市的铁路沿线上，于是我们把地址选在了阿兹利。我们在阿兹利的房子是一幢长而蜿蜒的乡间别墅，采用了当时最现代的设计风格，每一个地方都被我装点得充满了艺术气息。房子的餐厅很大，于是我用树叶来装饰那张从我母亲家搬来的餐桌，使它看起来更大气一些，又在餐桌的上方挂了一盏廉价的竹制吊灯，吊灯上还挂着一只猴子，这种风格在当时十分流行，至少我当年觉得这样的装饰有意思极了！贝丝，要是你哪天突然一夜暴富了，无论如何都要让自己看起来像祖上十八代都是有钱人的样子。

我模仿照片上看到的英国乡村庄园的样子，把客厅里所有的沙发都裹上了厚厚的花色锦缎。家里摆设的几个巴西水晶洞和一些非洲面具常常把你母亲吓得魂飞魄散。我还在墙上挂了几幅垃圾箱画派[1]的作品，画的都是些戴着帽子的忧郁男子在寒冷中蜷缩在一起的画面，这些画面时常让我想起我的父亲。这些画作虽然不怎么赏心悦目，但每一幅都是精品。我在收藏这方面还是很有眼光的。

我当时去了一趟佳士得[2]，预算是 1 000 美元，结果才花了 600 美元就把一幅米尔顿·艾弗里[3]的炭笔素描和一幅来自汉普顿年轻艺

---

1　垃圾箱画派是美国 20 世纪初反学院派的画派，以八位写实派画家的作品为代表，反映的大多是移民的艰苦生活和杂乱琐碎的城市角落，因此又被称为"城市写实主义"。
2　佳士得，旧译为克里斯蒂拍卖行，世界著名艺术品拍卖行之一。拍品汇集了来自全球各地的珍罕艺术品、名表、珠宝首饰、汽车和名酒等精品。
3　米尔顿·艾弗里（1885.3—1965.1），美国艺术家，出生于美国纽约的北部阿尔特马的一个制革工人的家庭，其绘画风格难以被归类。

术家杰克逊·波洛克[1]的黄色版画给带了回来。我向上帝发誓，后来这几幅画升值的时候（你绝对猜不到它们现在值多少钱），我一幅都不舍得卖，只是悄悄地为它们换了个好一点儿的画框。

餐厅的外面是一个小房间，我在里面安装了一排嵌壁式书架，把我那些书全都摆了上去。那个年代的家庭主妇常常会假模假式地买一堆布面装帧的假书来装点自家的书架，好让人觉得她们家也不乏饱读诗书之人。我却完全没有这方面的顾虑。我的藏书相当丰富，其中经典名著部分大多由我的几个哥哥贡献，这当中自然包括我小时候读过的勃朗特姐妹、奥斯汀、玛丽·雪莱以及与她们齐名的其他女作家的作品。还有一部分书出于几位出生于世纪之交的作家之手，如海明威、菲兹杰拉德和格雷厄姆·格林。书架上当然少不了犹太作家的作品，比如梅勒、贝娄、厄普代克以及所有自认为比其他人更了解犹太人苦难的作家。哈！除此之外，我还收藏了许多名人传记，如斯大林、杜鲁门和毕加索，以及所有我看得懂的关于艺术、音乐和诗歌等方面的书籍。我会根据《纽约时报书评》里的新书推荐来充实自己的书架。随着时间的推移，我渐渐爱上了科埃略和库切等一批获奖作家的作品。我的几位哥哥都很重视阅读，受他们的影响，我也视阅读如生命。我每读一本书，耳边都会响起利奥严肃的声音："说说看你为何喜欢这本书？读书时只欣赏它的文字是不够的，必须把它和现实生活联系起来，才能感受到它的真实。"俱

---

1　杰克逊·波洛克（1912—1956），美国抽象表现主义绘画大师，也被公认为是美国现代绘画摆脱欧洲标准，在国际艺坛建立领导地位的第一功臣。

乐部里的那些太太每当看到我在读书时，都会一脸惊奇地问道："波比！你怎么又在看书？"惊讶的程度不亚于看见我把一条大腿别到脑后去。

1965 年，你外公不仅要奔波于工厂和建筑工地之间，还要时刻警惕黑手党的暗算。那几年他一刻都不曾休息。每逢学校放假，孩子们就天天在家，我自己实在应付不过来，于是就对他说："汉克，你争取休一个月的假，我们找个安静的地方过个暑假吧。"

当时有位名叫莱尼·德马什金的邻居成天在社区的游泳池畔念叨一个叫"葡萄园"的地方，说那里聚集了一帮犹太人。于是我们收拾好行李就开车去了玛莎葡萄园岛。我们在奇尔马克镇租了一幢小别墅，原本只打算在那儿过一个夏天的，结果第二年夏天我们又住进了同一幢房子里。又过了几年，你外公在哥伦比亚大学谋了个教授的职位，我们终于可以享受完整的暑假了，于是我跟他建议说："汉克，我们在葡萄园岛的海边买一幢房子吧！"

那阵子，葡萄园岛上不仅有犹太学者，还有一群白人新教徒。他们分别居住在两个不同的区域，在当地形成了两块不大不小的"飞地"[1]。我们找到一家专门出售"犹太房子"的中介（那些房子之所以被叫作"犹太房子"，是因为房主都是些神龙见首不见尾的犹太裔有钱人），买下了一幢位于石墙路的房子，在那里结识了一群志同道合的好朋友。

---

1 飞地，一种特殊的人文地理现象，指隶属于某一行政区管辖，但不与本区毗连的土地。此处特指相同种族和文化的一群人在某地形成相对独立的聚居地的现象。

这里的左邻右舍与我们在阿兹利的邻居很不一样，他们全是来自哈佛大学和麻省理工学院的学者。要不是因为你外公后来误打误撞地进了一所常春藤盟校，像他这样的粗人是不可能进入他们的圈子的。

那群人里有一位叫约翰的，在我们相识之后的第二年，他就获得了诺贝尔经济学奖。我和他妻子十分合得来。约翰是个不折不扣的好人，你怎么也看不出他是这个国家有史以来最聪明的人之一。约翰和你外公在门纳穆莎湖钓龙虾时常常共用一个蓝黄色相间的笼子，和当时的肯尼迪[1]一家用的是一样的颜色！约翰和他的妻子每年感恩节时都会来岛上过节。咱们家每个人的婚礼他们夫妻俩都有来参加，就连你的婚礼约翰也亲自到场了。

汉克与波比在门纳穆莎吃蒸海鲜

---

1　此处指的是美国前总统约翰·肯尼迪。

我的葬礼上自然也少不了约翰。你会看见他躲在后排的座位上悄悄落泪。他自己也已经鳏居多年，因此他很能体会你外公此时的悲痛。当他用力握着你的手说"我很为你难过，小姑娘"的时候，你肯定看得出他知道我有多爱你。

尽管他已是 91 岁的高龄，却仍然坚持和你外公一起把我的灵柩一路从殡仪馆抬到墓地。这就是约翰，我们至死不渝的好朋友。

我们在葡萄园岛的朋友个个都出类拔萃。就拿艾伦来说吧，他家的女儿个个就读于拉德克利夫学院[1]，毕业后开办了多家医院；又比如在捷克出生的列夫，有一年夏天，他坚信自己将获得一项数学方面的大奖，我猜他指的是菲尔兹奖[2]。一天下午，他在一通电话里被告知自己最终没有获奖。午饭后，他回到海滩上，先是向大家宣布了这一消息，随后便绕到悬崖后面去，脱掉身上的衣服，光着身子跑进了水里。大家默默地看着，不知该如何安慰他。

我们常常在海滩上一坐就是一个下午。这些太太一个个都是"哈佛主妇"，其中还不乏一些博士毕业生，但她们第一时间就接纳了我。你知道这是为什么吗？答案就是那些书。她们看见我在海滩上读的那些书，有汤姆·斯托帕德的、弗兰纳里·奥康纳的和威廉·斯泰伦的，几乎是一周读完就又换一本。我们因此就有了共同的话题。

---

1　拉德克利夫学院是美国著名的女子学院，著名女作家海伦·凯勒的母校，创办于 1879 年，并于 1999 年全面整合进哈佛大学，正式成为哈佛大学的拉德克利夫高等研究院。
2　菲尔兹奖是根据加拿大数学家约翰·查尔斯·菲尔兹要求设立的国际性数学奖项，于 1936 年首次颁发，是数学领域的国际最高奖项之一。因诺贝尔奖未设置数学奖，菲尔兹奖也被誉为"数学界的诺贝尔奖"。

我们个个都很有主见，时常争论不休，却又乐此不疲。就这样，我在那里交到了一群十分要好的朋友，每年冬天回阿兹利后我都非常想念她们。

在读书这件事上，你母亲和我简直如出一辙。你当然也有这方面的遗传天赋，只不过我从来就不指望你能成为一名作家。但我知道你一定会的。我跟你说过的，贝丝，你应该去当老师，有一份稳定的收入，暑假还可以到处去旅游，但你偏不听。你从小就不是一个听话的孩子，我也一样。正因为如此，我们俩才这么谈得来。

── ◯记 2010 年的一封电子邮件◯ ──

SUBJECT **museums**

**Bobby Bell** bobby326@gmail.com                    9/18/10
to me

visited the museum of art and design at columbus circle-it is
sometimes called the popsicle museum . the quality of the crafts was
great. i have always loved crafts. i saw the matisse exhibit also. it
was fair.      am reading a good book called brooklyn by coim toibin.
it is about an irish young woman coming to america. this is one of my
first emails.love,grandma bobby

一封波比发给贝丝的电子邮件

主题：博物馆

日期：2010 年 9 月 18 日

寄件人：波比·贝尔（bobby326@gmail.com）

收件人：贝丝

到哥伦布圆环[1]参观了艺术与设计博物馆，人们有时也称它为"冰棒博物馆"。这里展出的工艺品质量都很好。我一直都很喜欢工艺品。我还看了马蒂斯[2]的展览，感觉还不错。我正在读一本好书，书名叫《布鲁克林》，作者是科尔姆·托宾，讲的是一个爱尔兰女孩来到美国的故事。这是我第一次发电子邮件。

爱你的波比外婆

## ○记2011年的一次通话○

波比：我真担心你那个叫埃米莉的朋友。

贝丝：她有什么好让你担心的？

波比：因为和她在一起的那个男孩呀，就是在布鲁克林一家非营利机构工作的那位。

贝丝：你连她的男朋友都记得吗？

波比：当然记得啦，我又不傻！

---

1　哥伦布圆环是纽约曼哈顿的一个地标性建筑，于1905年建成，坐落在百老汇、中央公园西大道、59街和第八大道的交叉口。
2　亨利·马蒂斯（1869—1954），法国著名画家、雕塑家、版画家，野兽派创始人和主要代表人物，代表作有《豪华、宁静、欢乐》《生活的欢乐》《开着的窗户》《戴帽的妇人》等。

贝丝：说的也是。

波比：她必须和那个男的分手。

贝丝：这又是为什么？

波比：因为他不打算跟她一起搬去旧金山。这样的男朋友不要
　　　也罢。

贝丝：那是因为人家有工作！

波比：那根本算不上工作。再说了，你经常大晚上跑出去安慰她，
　　　久而久之也会影响你和查理的感情。

贝丝：查理不会介意的。

波比：他当然介意，换作任何人都会介意。你必须更关注他一些。

贝丝：我已经很关注我的男朋友了。

波比：所以他一直都只是男朋友！

贝丝：什么意思？

波比：没什么意思。

贝丝：你怎么这样啊，外婆！

波比：别管我说了什么，反正我什么也不懂！

贝丝：我和查理现在朝夕相处，无论干什么都在一起，他很支
　　　持我做的每一件事，我也很爱他。

波比：那他为何到现在还不向你求婚？

贝丝：因为我们才交往两年啊！

波比：那又有什么关系？

贝丝：这当然有关系！

波比：贝丝，你每周至少要为他做五顿饭。

贝丝：我一直都有做饭啊。

波比：每周至少两顿。做个饭又没什么损失。

贝丝：好好好，你说得对。

波比：我向来都是对的。

## ○记 2014 年 9 月的一次通话○

波比：贝丝，你下飞机了吗？

贝丝：喂，喂……是的，我下飞机了。我现在还在机场。

波比：太好了，马上预约一辆专车。

贝丝：我打算直接打车。反正一样是雇车，直接打车更快一些，
　　　也省得麻烦。

波比：贝丝，你必须使用专车接送服务。

贝丝：现在没人使用这种服务了！

波比：胡说。明明大家都在用，我亲眼看见的。赶紧打专车的
　　　服务电话为自己约一辆车。

贝丝：好好好，我这就打。

波比：你骗我的吧？

贝丝：难不成我还真打呀！

波比：贝丝，信不信我"打死"你！

贝丝：没关系的，外婆，你别担心。我今天不搭地铁完全是因
　　　为我的脚踝……

波比：你的脚踝怎么啦？

贝丝：我的脚踝没怎么呀，好好的呢。

波比：你又在撒谎。

贝丝：外婆，不就是从拉瓜迪亚机场坐出租车去上西区嘛，我
　　　可以的。

波比：贝丝，你知道我有多不放心吗？

贝丝：不放心到想"杀"了我！

波比：嗯，不放心到想"杀"了你。

## ○记祖孙二人的三次对话○

时间：2012 年阵亡将士纪念日

地点：玛莎葡萄园岛的石墙海滩

波比放下手里的书。

波比：贝丝，我能问一个比较私人的问题吗？

贝丝：噢，天啊。

波比：贝丝·贝尔·卡尔布。

贝丝也放下手里的书。

贝丝：问吧。

波比：你到底想把自己的生活搞成什么样子啊？

贝丝：你说什么？

波比：你别跟我装傻。

贝丝：嗯，眼下呢，我打算在海滩上好好放松一下。不过现在看来是泡汤了。

波比：你在那个《电线》杂志社里做什么工作？

贝丝：是《连线》，《连线》杂志。这是一本很好的杂志，背后的老板可是康泰纳仕集团！

波比：就算老板是示巴女王[1]我也不在乎，关键是他们不让你写文章。

贝丝：我的工作是编辑。

波比：你坐在那儿埋头替别人修改文章，到头来荣誉又全是别人的，你回家后根本无法面对查理和你自己。

贝丝：我完全可以面对自己。

波比：这就是你想要的吗？说实话，这真的是你想要的吗？

贝丝：老实说，每个人的起点不同，我这也是在为以后做准备。现在经济那么不景气，这份工作已经很不错了。再说查理的工作地点在旧金山，《连线》杂志是旧金山唯一一

---

1 示巴女王是传说中一位阿拉伯半岛的女王，与所罗门王有过一段甜蜜的恋情，常被作为美丽和诱感的象征。

　　　　　　家愿意支付我工资的杂志社……

波比：你需要钱可以跟我要啊。

贝丝：我知道，谢谢你，外婆。

波比：你真是不可理喻。

贝丝：再说了，我爱旧金山。

波比：你听听，你听听！

贝丝：怎么啦？

波比：你说这句话时语气都不自然了。

贝丝：我的语气很自然啊。

波比：还"我爱旧金山"，骗谁呢！

贝丝：不骗你！你亲眼所见，你当时在旧金山不也玩得挺开
　　　心嘛！

波比：那都是你为了应付我而演的一出好戏。我的外孙女我还
　　　不了解吗？旧金山那种地方只适合那些穿着摇粒绒衫就
　　　能出门吃饭和成天相约去露营的人。

贝丝：我就很喜欢露营。

波比：那个叫内尔的女孩你还记得吗？

贝丝：内尔怎么啦？我已经有一年没有她的消息了。

波比：你上回去洛杉矶的时候借住在她家，她不停地跟你说她
　　　见到那部卡通片的几位编剧了。

贝丝：不是什么卡通片，是《辛普森一家》。

波比：算我说错了好吧，是《辛普森一家》。你干吗不试试为

《辛普森一家》写剧本呢？

贝丝：哈！我还想问"你干吗不试试下一颗金蛋"呢。

波比：贝丝。

贝丝：怎么啦？

波比：如果我有你这么渴望为《辛普森一家》写剧本，我就一定会把这颗金蛋下出来。

贝丝：所以你希望我怎么做呢？

波比：打电话给内尔，告诉她你想要到洛杉矶去当电视编剧。

贝丝：哪有那么容易啊！

波比：我能再问你一个问题吗？

贝丝：问吧。

波比：换作一个男人遇到这个问题，他会怎么做？

贝丝：他会打电话给内尔，告诉她自己想要当电视编剧。


时间：2012 年 6 月

贝丝：外婆，你看到 Grantland[1] 上刊登的那篇文章了吗？

波比：看了看了，我现在手里正拿着它呢！我还给俱乐部里的每个人都看了。

贝丝：那篇文章足足有十页长呢！

波比：所以我专门坐在那儿等她们一个个看完。

---

1 Grantland 是美国一个体育新闻和流行文化的网站。网站主要发布体育新闻、新闻特辑、博客信息、播客音频等。网站的总部位于美国加利福尼亚州洛杉矶市。

贝丝：你的朋友们都好可怜啊。

波比：她们又不是第一天认识我。米丽娅姆和苏埃伦，她们都为你感到骄傲。

贝丝：这篇文章你喜欢吗？

波比：岂止是喜欢？你写得棒极了！简直是精彩绝伦！

贝丝：你最喜欢哪一部分？

波比：当然是写着"贝丝·卡尔布"的作者署名部分！


时间：2012 年 7 月

贝丝：喂，外婆？

波比：贝丝，你怎么听上去像在哭？噢，天啊……

贝丝：不，外婆，是好事。我得到了，我得到那份工作了！那份为吉米·坎摩尔[1]写剧本的工作！

波比：（汉克！她得到那份工作了！）你外公已经高兴疯了。他正在另一间屋子里为你鼓掌呢。噢，我亲爱的贝丝！

贝丝：很不可思议吧？

波比：不，你得不到这份工作才叫不可思议呢。这份工作百分之百适合你。

贝丝：我到现在还在哭。我不知道自己在做什么，我的试用期是 13 个星期，没准试用期一过他们就会炒了我，我现

---

1　吉米·坎摩尔，美国喜剧演员、配音演员、作家、电视制作人和主持人。他制作并主持了以他名字命名的 ABC 晚间秀节目《吉米·坎摩尔直播秀》。

在不得不搬去洛杉矶，在那里随便租一间公寓。接下来又该做什么？这到底是怎么一回事？我现在毫无头绪。

波比：贝丝。

贝丝：嗯？

波比：第一天上班前一定要把头发吹好，不要让它看起来乱糟糟的，其他事情你自己就能搞定。

# 南辕北辙

　　每年秋天从葡萄园岛回来，我的心情就会一落千丈。我讨厌回到那些琐碎的日常生活中去。你母亲一如既往地拒我于千里之外。我很想念学生时代的朋友，尤其是埃斯特尔。每年秋冬正好也是她回国的时间，于是我白天经常坐在厨房里给她打电话，以减轻她成天面对她那位丈夫的痛苦。

　　那些年，我对你母亲相当严厉。每回她考试成绩不好，我都会大声斥责她，直到把她骂哭。你可能会认为我这么做是在打击她，其实我是想激励她。我不想眼睁睁地看着她颓废，看着她把自己的才华和智慧，以及所有青春的冲动都浪费在某个停车场，和那帮成天抽着烟、幻想着去旧金山的嬉皮士混在一起。我会告诫她："罗宾，你在学校要是不好好读书，将来就别想赚钱养活自己。"她也总是专挑一些犀利的话来反驳我，比如"你不也照样过得很好"。

　　我当年成为家庭主妇是迫于无奈，你母亲这一代人可不一样。外面的世界瞬息万变，我真担心她有一天会迷失自我，被这个复杂的世界吞噬。

我的一番苦心却总被你母亲曲解为愤怒。她总是问我："你为何这么恨我？"我也只能隔着餐桌望着她那张总是被一头凌乱的黑色长发包裹着的脸，无可奈何地起身，说："罗宾，我怎么可能恨你，我甚至可以为你去死。"她看着我，充满怀疑地从喉咙里发出咕哝一声。她一脸严肃又一意孤行的样子总能让我想起自己的母亲。我母亲在你母亲出生前就去世了。我取了我母亲名字的前两个字母来为你母亲命名，于是就有了"罗宾"这个名字。你们母女俩的名字虽然不同，但都与"罗丝"有关。

谁能想到，在我的葬礼上，你母亲哭得比所有人都伤心，甚至把你外公也给比了下去。

回到阿兹利后，我每天早睡晚起，闷闷不乐，这一切都没有逃过你外公的眼睛。一天早上，我在我的浴室里化妆——我指的是我自己的浴室。你想知道维持婚姻长久的秘诀吗？答案就是：各自拥有独立的浴室。你外公看着我说："波比，告诉我你需要什么，我一定尽力办到。"他总是说到做到。

我告诉他："我必须出去透透气，谁也不带，就咱俩。"你外公总能无条件地满足我的任何需求，于是我们说走就走。

我们每次一出门就需要4—6个星期。我们走遍了像巴黎和伦敦这样的大城市，还去了意大利的马焦雷湖——当年海明威就是在这里写下了他著名的小说《永别了，武器》。你外公心满意足地看着我一天天快乐起来，心想自己的办法奏效了。那时候，他经常问我："你可曾想过我们有一天会如此幸运？"我回答说："就算给我一百万年，我也想不到。"他时常把我搂在怀里，我们饮着当地的波尔特酒，借着酒兴在阳台上相拥起舞。在那样的时刻里，生命中的一切都充满了意义。

我们会住进最豪华的酒店，任性地在凌晨两点钟为自己点一份用精美的银色小碗盛着的冰激凌圣代。我们会在充满阳光的餐厅里一边享用早餐，一边俯瞰瑞士的阿尔卑斯山、法国普罗旺斯的丘陵和希腊的爱琴海。不知是因为财富带来了满足感还是因远离家庭琐事而备感轻松，总之我很快就恢复了元气。而这一切都发生在人们还没有为这种无法用言语来形容的不适感与麻木感、没有为所有被生活困扰的女人身上所表现出来的一系列症状正式命名之前。可见在没有含锂药物[1]的年代，我们照样可以靠丽兹酒店[2]来治愈。

半个世纪前，我母亲穿越了一整个欧洲才逃到了美国，如今我却手捧一杯皇家基尔酒，在欧洲的大小城市里轻歌曼舞。是不是很不可思议？

---

1 锂，一种金属元素，医学上常用作调节中枢神经活动、镇静、安神和控制神经紊乱的药物。
2 丽兹酒店位于巴黎的世界著名五星级酒店，由"世界豪华酒店之父"凯撒·丽兹于1898年创办的，距今已有100多年的历史，是许多社会名流和文人墨客的首选。

4 张汉克与波比旅游时的照片，分别拍摄于 20 世纪 60 年代和 70 年代

日子一天天过去，你母亲也渐渐长成了一个少女。她会趁我们出游的时候邀朋友来家里开派对。她会打开家里的酒柜，任一群未成年的小伙伴随意挑选里面的酒。有一回，跟我们住同一条街的彼得·拉斯金在你母亲的派对上醉得一塌糊涂，回家时一头撞在了自家后院的玻璃推拉门上，可想而知他伤得有多严重，能活下来简直是个奇迹。那段时间他和你母亲走得很近。

无论我哪一次回到家，你母亲的表现都是一样的恶劣。

有一年春天，我和你外公在伦敦著名的卡尔纳比街为你母亲买了一整季漂亮的衣服，每一件都是我精心挑选的，其中最令我心仪的是一件华丽的淡黄绿色直筒连衣裙。这件裙子不仅有一个白色的小圆领，还搭配了一件外套和一顶平顶小圆帽。我辛辛苦苦把它从伦敦带回来，你母亲在只看了一眼后，竟然忍不住大笑起来。她当时正在上高一。那一年，她在她们学校掀起了一场允许女生穿裤装的请愿活动。说到这件事，她肯定会义正词严地说自己是在争取平等权利，但是在我看来，她那样做不过是在报复我强迫她穿裙子。

有时候她会连着一个星期跟我大吵大闹。至于吵架的原因，我现在根本记不清了，通常是因为反感我抽烟。她会把一整包烟都扔进马桶，把马桶堵得死死的，最后不得不请工人来疏通。有一回，我正好逮到她正在把一整盒香烟往化妆间的马桶里倒——就是贴着中国风壁纸的那一间。她一边按下马桶的冲水开关一边冲我大喊："妈，你这么做就是在自杀！"我当场就崩溃了，哭着问她："这不正是你想要的吗？"她愣愣地看着我，空气仿佛一下子凝固了，过了许久，她才开口说了个"不"字。

她一阵风似的冲出家门，到她的朋友简家里度过了一夜——至少她是这么跟我说的。她拒绝剪头发，总是披着一头及腰的长发，那画面我连想都不愿再想。

我经常被她气得躺在床上一夜都无法合眼，于是拍拍你外公的手臂，问他："汉克，你说我该拿她怎么办？"

你外公对待孩子一贯很温柔。他尤其宠爱你母亲，每到一处都要在酒店的前台给她打电话，讲一堆他在各地遇到的趣事，买各种稀奇古怪的食物来讨好她，比如他会说："罗宾，你知道这里的人都吃什么吗？青蛙和蜗牛！你看了绝对受不了！"

但他看得出我已经被折磨得快不行了，于是就为我出个主意，说："波比，既然你赢不了她，那就干脆都顺着她。"于是我开始试着不和她唱反调。每次她坚持穿裤装去上学，我都二话不说地同意了。就连带她去逛布鲁明戴尔百货，我也专挑漂亮的灯芯绒裤、喇叭裤和各式女裤让她试穿。她有气没处撒，只好假装漫不经心地摸了摸那几件羊绒两件套，若无其事地嫌弃道："瞧这一套套'监狱制服'。"她一件也不肯试穿，而是独自大步地走出商场，气呼呼地坐在汽车引擎盖上等着我一同回家。

显然，她已经把布鲁明戴尔百货归为她极力反对的资产阶级生活方式的一部分。她自认为是全家第一个读过卡尔·马克思的人，并且时时刻刻以革命者自居。她批评起我来一点儿也不含蓄。她把我的高跟鞋说成是"裹脚布"，每当听到我抱怨脚疼，她就会一脸严肃地教训我："男人设计高跟鞋的目的就是想让我们女人永远走不快。"于是我对她说："聪明到看透一切的感觉是不是很好呢？"她会顺着我的话回答："简直太痛苦了。"

那天从布鲁明戴尔百货回家的路上，我顺路把车开到中央大道旁的一家军用物资折扣店门口，掏出钱包里所有的钱递给她，对她说："你不是想打扮成嬉皮士吗？那就去吧。"不一会儿，她就兴冲冲地拎着一个垃圾袋回来了，里面全是些臭气熏天、破破烂烂、像是被虫蛀过的衣服，有硬邦邦的粗布工作服、几件男式套头衫和一件可笑的粗花呢夹克。你母亲对着那一堆垃圾欣喜若狂。那一年，她所有的衣服加起来总共只花了 25 美元。这样也好，至少为我省了不少钱。

你可能会好奇你母亲为何 16 岁就上了大学，她可不是什么天才神童，归根结底还是因为生我的气。那一刻，当她在餐桌上宣布这将是她在家里待的最后一年时，我承认自己有点儿高兴过了头。

至于她是如何与校长达成协议，又是如何拼命学习，在 SAT[1] 考试中得了满分，校长最终不得不推荐她进大学，这些故事我已经跟你讲了无数次。但是贝丝，这个故事的内情还远不止这些。

那天早上，你母亲面对一桌子的鸡蛋和吐司大声宣布了她的决定："我今年秋天就要上大学了。"我一脸镇定地望着她说："罗宾，既然你决定要上大学，就一定要上一所最好的大学。"她的气焰瞬

---

1　SAT，美国高中毕业生学术能力水平考试。

间被压了下去。然而这次她只是瞪了我一眼，并没有提出任何异议。其实不单是我一个人对她寄予了厚望，她对自己的要求也从来都不比我对她的要求低。如今你也从我们身上继承了这一优点。

我迅速拨打了几通电话，联系了几个之前的朋友，然后开车带她去了新英格兰。我们花了八天的时间走访了好几所名校，基本上是一天一所。我准备了两套衣服供她轮流穿，一套灰色，一套深蓝色。我总是把不穿的那一套挂在汽车的后座上晾着，这个办法的效果不错，至少能让她每天看起来都整洁得体。贝丝，答应我永远不要连续两天穿同一套衣服，不管有没有人注意，衣服都必须一天一换。

1971 年那会儿，很多高校还不招收女生。于是我只能带她到那几所著名的女校，比如巴纳德、布林莫尔、拉德克利夫和韦尔斯利，最后又去了彭布罗克。你母亲对彭布罗克学院几乎是一见钟情。也难怪，当天那位向导的腋毛长到都可以编成辫子了，院子里还有几个光着膀子的金发男孩正在弹吉他。那一刻，她仿佛进入了天堂。

她一回到阿兹利就直接去了校长办公室。

她对校长说："如果我在 SAT 考试中得了满分，你就要为我向彭布罗克学院写一封推荐信。"她说这句话时的语气不是商量，而是通知。校长笑着把她请出了办公室，直到打电话告诉我这个消息时还在笑个不停。但笑归笑，到了年底 SAT 成绩出来的时候，他还是按约定写了那封推荐信。

一个月后，你母亲收到了一封厚厚的邮件。打开来一看，只见信上写着"祝贺你，罗宾·贝尔同学。你已被录取为布朗大学 1975

届学生，成为本大学招收的第一届女生。"她当初申请的明明是另一所学校，到头来却被布朗大学给录取了。当我问她是否对这一结果感到失望时，她一边说着"我高兴还来不及呢"，一边迫不及待地走出了房间。

那年秋天，我开车送她去普罗维登斯报到。一路上，我们一句话也没有说。我送她到了宿舍门口，她下了车，用力地关上车门，一把拎起她的旅行袋和行李箱，头也不回地走了，那条又黑又长的辫子在她身后甩来甩去。我在返回的途中拐进了一个加油站，我把车停好，独自坐在车里哭了整整一个小时。那天晚上，我两眼通红、声音嘶哑地回到了纽约。

你外公见我这副模样，吓得脸都白了，连声问："波比，你怎么了？怎么一副刚打完仗回来的样子？"

我说："噢，汉克，你说的没错，我的确是刚从战场上回来。"

## ○记2012年的一则语音留言○

贝丝，听你妈说，查理不肯为你辞掉旧金山的工作，你正在生他的气。你这么做就有些离谱了。首先，你不会一辈子待在洛杉矶。你那么怕晒，车技又那么差，况且你还不确定吉米·坎摩尔这边的工作什么时候会结束。他们很可能会不要你。你妈说剧组里只有你和另外两名女员工，你又从未写过电视剧本。

你将来究竟想干什么？成为一名喜剧演员吗？

你小时候在佛罗里达州时，的确经常在游泳池边表演一些节目逗我们开心，演得还真不错。你五岁那年，有一次走到那群正在躺椅上休息的老头老太太面前，大方地跟他们打招呼。他们一眼就认出你是罗宾的女儿，你当时已经完全"继承"了你母亲那张脸。见你主动过来打招呼，他们就问你这一年过得怎么样，于是你笑着回答："巧了，我刚学会倒过来背字母表。"他们全都惊呆了。你总是人小鬼大地忽闪着一双蓝色的大眼睛，难怪他们一下子就上当了，问道："真的吗？你能不能现在就表演一个？"你先是一脸严肃地清了清嗓子，然后转过身去背对着他们，从头开始背起了字母表。

总之，你不要生查理的气。再等等看。记住我说的话：假如需要的话，他一定会为了你搬去任何地方，就像你当初为了他搬去旧金山一样。有一点你特别像我，我们俩都爱记仇，一点儿委屈都受不了。这可不是什么优点，这么做对自己没什么好处。要学会放下。那个男孩很爱你，即使他非常了解你，也从未改变对你的爱，他对你万分崇拜。我很高兴他没有看错人。

听话，重新为自己订一张机票，这周五就回奥克兰[1]。

---

1 此处指的是查理与贝丝在旧金山的居住地。

## 墨西哥故事

1968 年圣诞节，你外公和我动身去了墨西哥城，计划在那里待三个星期。

五天后，我接到一通你母亲打来的电话，她在电话里说："妈，我想我是遇到麻烦了。"

那一年，"芝加哥七君子"刚刚在民主党全国代表大会上闹事并且被捕。此前，这个由七名男青年组成的团体由于强烈反对越南战争，决定要发起一场反主流文化的大革命。你母亲才刚上初二就已经疯狂地迷上了这帮人。所以，你父亲长得像汤姆·海登绝对不是巧合。整个秋季学期，她和班上的两个男生一直都在为这个团体组织各种活动。别看他们只有三个人，却也有自己的目标和纲领。他们一直在为打官司筹钱。你能想象吗？这三个来自韦斯特切斯特的小镇少年居然认为自己可以率领一队人马，把当时声名狼藉的政治抗议者从监狱里救出来。好歹我当年也参加过在华盛顿特区举行的反战游行，对他们的行为当然是支持的，但我认为他们还不至于为此把自己也送进监狱。我的想法遭到了你母亲的反对。她反对我也不是一回两回了，不是吗？

有些事你必须理解。你外公当年拼死拼活地工作才让我们全家脱离了贫困。你母亲出生前的那五年，我还大冬天穿着你外公的工装裤去杂货店买东西，因为我实在买不起一双像样的尼龙袜和一件能够御寒的长外套。再往前数二十年，我还在啃着表哥从肉类加工厂的一辆卡车上偷来的牛骨头。再往前数一代人，我母亲还身无分文地躲在船舱里，手里紧紧地攥着一个装满鲱鱼罐头的袋子。贝丝，直到 1968 年，我们才好不容易把日子过成了现在这个样子。我们费尽千辛万苦才总算融入了这个社会。可你母亲从小到大都不知好歹，她的所作所为分分钟就能让这一切付之东流。所以，我反对的不是她的政治理想，而是她狂妄无知的态度。

她这种态度绝不是与生俱来的。那可是 1968 年！满大街的年轻人张口闭口就是致幻剂。他们成天抽着大麻，动不动就跳上去往旧金山的大巴，从此一去不回头。说实话，贝丝，你母亲当年就是随大流，只是她还没意识到自己已被这波大潮冲到了悬崖边上。

在学校里，你母亲积极地和一帮朋友一起印制小册子。他们在学校的餐厅里安放了几个用来筹钱的小桶，到各个自习室去发表关于不公正的制度和"军工复合体"[1]的演讲——这些都是她当时的原话。他们逮谁骂谁，甚至跑到教师停车场去拿着几个扩音筒大放厥

---

[1] 军工复合体指一个强大的军事权力机构和军事物资工业的联合，对美国内外政策有强大的影响。

词。我父亲要是还活着的话，该有多喜欢她呀！

当时她学校的董事会是由阿兹利镇上一些非常保守的卫理公会教徒和圣公会教徒共同管理的。那段时间，你母亲他们的所作所为传到了那些校董的耳朵里，那些校董自然不可能高兴，甚至威胁要开除他们。你那位聪明得不可一世的母亲和她的"同党"公然在校园里为一项政治运动筹集资金，他们的行为几乎触犯了你能想到的每一条校规。

到了期末，你母亲联系上了当时为"芝加哥七君子"辩护的律师，就是新闻里报道过的那位律师本人。你母亲代表自己和她的同伴给这位律师写了一封信，向他说明了他们的处境——也就是他们是如何为这项事业而牺牲自己的学业的。这封信写得相当慷慨激昂。律师收到后立刻就给他们回了信。在回信中，他不仅表达了自己对这几位学生的关爱，还给他们出了个主意。他建议将你母亲的案例作为一次试验，让他们继续完成手头的工作，并授意他们写一份宣言，声明他们即使违反校规也要继续为释放"芝加哥七君子"而摇旗呐喊。他承诺，一旦他们被学校开除，他就会帮他们把学校董事会告上法庭。

你能想象你母亲当时的处境吗？学生贝尔对阵学校董事会。你的母亲罗宾·艾伦·贝尔就像一头无知的待宰羔羊一般，正昂首阔步地向屠宰场走去。

她连夜起草了那份宣言。后来我借机偷看了一遍，那份宣言简直可以用"情绪爆炸"来形容，通篇都是些浮夸的、极具煽动性的语言。她在宣言中居然称学校的董事长为"资本主义的猪"。而这一切竟然都出自一个家里拥有 4 000 多平方米的大房子，隔壁就是一个封闭式社区专用泳池的孩子之口。她打算将这份宣言印出来，第二天就去贴满学校的大小走廊。

那天晚上，正当我在城市大酒店的房间里戴上耳环准备出门时，电话铃突然响了，是酒店前台打来的。只听一名酒店员工在电话里说："贝尔夫人，有一位名叫罗宾的人刚才打电话找您，但什么也没说就挂了。"她在向我转达时用的是你母亲的名字，而不是"您女儿"三个字。

我只穿了一件浴袍就三步并作两步地跑下楼，下楼时才发现自己只戴了一只耳环，脚上还套着那双刚才散步时穿的脏兮兮的旅游鞋。我当时什么也顾不得了，迅速把自己关进一间电话亭就开始打电话。那通电话居然被转接到了自动答录机上。我有史以来第一次这么讨厌听到自己的声音。我不厌其烦地一遍又一遍拨打着家里的电话，直到打到第三次时，你母亲总算接起来了。

"是妈妈吗？"

"你又闯什么祸了？"

"你什么意思啊？什么叫'我闯什么祸了'？我什么也没干！"

"罗宾，你就老实交代吧。"

于是你母亲把"芝加哥七君子"的事一五一十都告诉了我，任何人听了这件事都会笑掉大牙。她顺带说了自己如何说服那两个可怜的男同学跟她一起闹"革命"，以及她写的那份宣言和关于那位律师的前前后后所有的事。

我尽量让自己在电话里保持冷静，你若是看见我当时的模样，一定会吓一跳的。当时我的浴袍已经松开，松松垮垮地在身上耷拉着。我死死地攥着电话，气得咬牙切齿，恨不得把一口牙都磨成粉。

但是在电话那头，我的声音听起来无比平静，因为只有用这样的语气说话，你母亲才听得进去。如果我当时不强压住心中的怒火，你母亲的人生就要被改写了。首先，她一定会被开除，那她就不可能以高分考取布朗大学，更不用说她的第一次婚姻，以及后来的巴黎和以色列之行了。至于日后上医学院、遇见你父亲，以及有了你，这段经历也会整个从她的生命里消失。

"这么说你已经下定决心要在那份宣言上签字了？"

"其实我还没想好究竟该不该签。"

"噢，是吗？"听到这里，我差点儿就开心得笑出声来。

"我也说不清楚。"

"为何不签？你不是一直都强烈地想要……"

"你又开始颐指气使了。我要挂电话了。"

"挂就挂，随便你！"

然而，她没有挂电话，只是不再说了。不一会儿，电话那头传来一声重重的叹息，我下意识地把听筒从耳边拿开。一切都是那么的戏剧化。

"我决定不签了。"

"为什么？"

"因为我想去上大学,从此躲你躲得远远的!"

我真想下一秒就跳上计程车飞回纽约把她的脖子给拧断。可是我没有这么做,而是做了一件更令自己后悔的事。

我答道:"很好,就这么办。"

她果然没有在那份宣言上签字,也如愿以偿地考上了大学,从此就离开了家。

## ○记 2012 年 12 月 31 日的一次通话○

波比:新年好呀,贝丝!

贝丝:新年快乐,外婆!

波比:你和查理一会儿打算干什么?

贝丝:我们现在在墨西哥,打算一会儿在酒店吃完晚饭就休息了。

波比:这家酒店怎么样?

贝丝:很漂亮,就是太过朴素了。这里其实是一个瑜伽静修所,我们就住在海边的露天小木屋里。正巧这个季节我们有朋友在这里工作,在房价上给我们打了点折扣。

波比:我真不知该从何说起。

贝丝:你想说什么?

波比：在那种地方的露天小木屋里睡觉，你就等着被蚊子活活
　　　咬死吧。

贝丝：放心吧，我们有蚊帐！话说回来，你和外公打算……

波比：所以说你们一到晚上就把自己罩在一张网里，随便什么
　　　人都可以进到小木屋把东西偷走吗？

贝丝：这个地方比较偏远，人很少。

波比：太好了，周围连个警察都没有。这都不算什么，主要是
　　　那地方现在可是贩毒集团的地盘。

贝丝：你说得我都害怕了。

波比：怕就对了。

贝丝：不管怎样，在这里我经常练瑜伽，每天早起和太阳下
　　　山时各练一遍。我还从来没有在一周内做过这么多运
　　　动呢！

停顿不语。

波比：好极了！

贝丝：是挺好的。

波比：贝丝。

贝丝：嗯？

波比：搬到正常一点儿的酒店去住吧。既然是去度假，就该待
　　　在像样的度假胜地。费用我来出。

贝丝：外婆，我们就喜欢待在这里。我们才不要去什么度假胜
　　　地呢，那种氛围不适合我们。

波比：什么"氛围"不"氛围"的，我不明白你在说什么。真到了坏人提着大刀向你砍过来的时候，可别怪我没有提醒你。

贝丝：比起那些大毒枭，我更害怕你。

波比：你总算说了句明白话。

## 一次无效婚姻

　　你其实知道你母亲在和你父亲结婚之前就有过一次婚姻。那一年她才22岁，头脑简单得像个孩子。那时候她大学毕业才两年，脾气倔得很，谁的话都不听。在你出生之前，她从未在乎过我的想法。

　　她先是自作主张地去了那个以色列公社，后来又差点儿死在了巴黎。这个男人就是她从巴黎回来后不久认识的。我曾跟你说过她是如何下定决心要成为一名医生的，我当时就表态要帮助她实现这个梦想。你外公却很生气，他一直希望你母亲能从事城市规划类的工作。对你母亲来说，任何反对与争论都没有意义。于是我开车送她去哈佛进修学院上夜校，专门学习化学和生物。她从高中起就再没上过化学课。可是，没有这门课的成绩，她就别想进入任何一所像样的医学院。好在你母亲很聪明，才上了几个月的课就轻松地取得了好成绩。

波比在罗宾的第一次婚礼上

　　那一年，你母亲经常在校园里遇到这个长相英俊的小伙子。他会在图书馆与她"不期而遇"，也会瞅准她下课的时间到生物系门口去抽他的百乐门香烟，还会不时地出现在你母亲常去的那家三明治餐厅，手拿刀叉优雅地吃着皮塔饼。

　　他的名字叫詹姆斯，家住曼哈顿上东区。他父亲是一位有名的报社编辑，他母亲的祖先正是当年乘坐"五月花"号[1]来到纽约的第一批清教徒。他出身名门，一看就是个典型的白人新教徒——方下巴，翘鼻头。可这位贵公子偏偏就看上了你母亲。你母亲从不像其他女孩子那样穿两件套和双排扣的大衣。她把头发梳成一根长长的辫子；手腕上总是戴着几个难看的银手镯，走起路来叮当作响；脚上则永远穿着一双笨重的军靴。他和你母亲完全是两种人，和你母亲布朗大学的那帮同学更是截然不同。我估计他这辈子都没试过超过两周不去理发店。

---

1　"五月花"号是英国移民驶往北美的一艘最为著名的船只，于1620年9月6日从英国的普利茅斯出发，前往今天美国的马萨诸塞州，船上的102名人员中有35名是分离派清教徒。

想知道他是如何要到你母亲的电话号码的吗？他像抢劫犯一样当街把你母亲拦下，直接向她要电话，连个"请"字都没有，张口就说："我今天就要知道你的电话号码。"贝丝，一定要小心这种一辈子不容许别人说"不"的男人。

他跟你母亲学的是同一个专业，晚上在同一家医院做实验室助理。两人虽说是在交往，却难得见一次面。他们刚认识四个月就决定结婚，这个决定自然也是由他提出来的。那一天，他单方面向你母亲宣布了这一决定，说："罗宾·贝尔，你马上就要成为我的妻子了。"在那之前，他俩还从未在一起生活过。

你母亲刚修完一年的课程，詹姆斯就考上了哥伦比亚大学的医学院。于是她跟着他一起搬去了河谷区，住进了一套空调严重漏水的廉价公寓。你大概从来都不知道那套公寓就在你上中学时的必经之路上。你母亲天天开车带你经过那里，却从未跟你提过一个字。

他们在那间破公寓里安顿了下来，詹姆斯继续当他的医生，你母亲则打算辍学去找一份工作，一边挣钱养家，一边做他的好妻子。她曾经那么执着地想要学医，现在却满脑子只有爱情。在你母亲眼里，詹姆斯是一个天才，一个优秀的男人。为了他，你母亲剪去了一头标志性的长发，把原先个性十足的卷发吹直，甚至还去青年会报了个健美操班。当詹姆斯终于开始正式行医并有了自己的收入时，你母亲跟他表达了想要继续学医的想法，他头也不抬地笑着说："到那时候你已经被一群淘气包缠得脱不开身了。"千真万确，他就是这么说的，"一群淘气包"。你母亲那么聪明的一个人，居然没有预感到他俩之间的问题。

于是，那个夏天，我花重金为你母亲打造了一场完美的婚礼。婚礼当天，我们在后院搭起一个洁白的帐篷，全体服务生都身穿红色背心，头戴与背心搭配的红色小圆帽，那场面就像走进了一家摩洛哥的大酒店。那天我穿了一件粉橙色图案的璞琪[1]连衣裙，那件裙子的设计简直惊艳全场。听我说，贝丝，有钱能买到很多衣服，但风格一定要靠自己穿出来。现场还有香槟塔和爵士乐队的演出，所有人都玩得很尽兴，直到把酒喝得一滴也不剩了才散场。我办的派对从来都是最棒的。

这段婚姻很快就出问题了。你母亲有时会跑到街上的电话亭去给我打电话，我在电话里频频听到汽车的喇叭声，便问她："你怎么不在家里给我打电话？"她总是给不出像样的回答。一天早上，我开车经过她的公寓，顺便把一些亲友邮寄到阿兹利的结婚礼物给他们送过去。你母亲居然不让我进门，她当时戴着一副深色的太阳镜，大白天在家竟是这样一副打扮，实在令我怀疑。这些椅子可是她特意要求我送来的！一天晚上，她再次跑到街上给我打电话，我敢发誓我听见她在电话里抽了几下鼻子，印象中她还从未在电话里对我哭过。我忍不住问她是怎么一回事，她先是回答"没事"，接着又说："我也不知道。大概是我不好相处吧。"我痛苦地闭上了眼睛，感觉在一瞬间跌入了万丈深渊。

---

1　璞琪，意大利著名女装品牌。

这句话和这种语气我再熟悉不过了。我仿佛又看见了当年的埃斯特尔。

接下来发生的，也就是你外公如何用钱把那个男人打发走的故事了，你应该都听过，但你未必知道我在这个故事里扮演了怎样的角色。你外公并不是这个故事的唯一主角，他顶多算个"打手"。

一天下午，你母亲从家里给我打来电话。她在电话里欢快地对我说："我很想去见一见玛丽安，但詹姆斯下午要用车。"玛丽安是你母亲在布朗大学时最要好的朋友，她当时住在哈利法克斯。你母亲结婚时她还特地飞过来参加她的婚礼，而且就住在我们家。我随口问道："那你打算在玛丽安那里待多久？"你母亲回答："大概晚饭前就得回来。"我不解地问道："玛丽安不是在加拿大吗？"你母亲慌忙回答："当然。是的，没错。"接着便没有下文了。过了好一会儿，她才又重复一遍说："我会尽快赶回来和詹姆斯一起吃晚饭。"声音听上去很不自然。

我立刻就感觉到哪里不对劲，于是我说："你现在哪儿也别去，就待在那儿等我。"

45 分钟后，我带着满满一箱子衣服来到了她家门前，箱子里装着我的几件内衣、几双袜子、几件毛衣和一件冬天穿的外套。我直接把她送到了肯尼迪机场，目送她上了一架 7 点钟起飞的飞机。她就这样去了哈利法克斯，在玛丽安家里住了一段时间。上飞机前她一句感谢的话也没说，只是默默拎起我为她准备的那只箱子，径直朝售票口走去。

接下来就轮到我上场了。

詹姆斯对我一向都很不恭敬，他甚至很反感我偶尔会给你母亲寄钱。但我知道他很敬畏你外公，再怎么说你外公当时也是哥伦比亚大学的一个系主任。我从机场回家后，当晚就让你外公带着支票簿去河谷区找詹姆斯算账。你外公到他家时已是凌晨两点钟，他直接开门进去（我们有那间公寓的钥匙），一把揪住那家伙的衣领，对他说："我要给你多少钱你才肯走？"詹姆斯看着你外公的眼睛，大言不惭地说："20 000美元。"你外公二话不说就从上衣口袋里掏出了笔和支票，一边写着一边说："我再多给你一些，这件事就算了结了。"事情就这么搞定了。

每个人都是有定价的，这句话一点儿也不假。

## ○记2012年11月的一次通话○

贝丝：嗨，外婆。

波比：贝丝！怎么啦？出什么事啦？

贝丝：没出什么事！我到现在才下班，就赶紧给你回个电话。

波比：你那边已经是晚上七点了！

贝丝：节目六点才开始录制，我留下来看了一会儿。其中有一
　　　小段是我和几个孩子一起表演的，挺有趣的，我一会儿

把链接发给你。

波比：你工作起来就不要命。你和查理这时候应该好好享受一下订婚后的生活。

贝丝：我很享受现在的工作和生活。

波比：你和你妈简直一模一样。我能听出来你现在很焦虑，这份工作会把你累垮的。你知道你该改行干什么吗？你应该去当老师。

贝丝：外婆！

波比：你明明就很喜欢和孩子在一起，而且做老师在哪里都可以，就算在纽约你也一样可以当老师。

贝丝：我现在就能说出两个我不能当老师的理由：第一，我没有硕士学位；第二，我对这个职业不感兴趣。

波比：信不信我有三个理由证明你必须当老师？

贝丝：说来听听呗！

波比：六月、七月和八月。

## ○记 2013 年 1 月的一次通话○

贝丝：外婆，告诉你一个好消息，我终于找到了一件喜欢的婚纱。

波比：我还以为你早就买好了呢！

贝丝：我打算把之前那件长款的卖掉，换成短款的小礼服，就是那种茶歇裙[1]。

波比无言以对。

贝丝：外婆，你在听吗？

波比：我在听。

贝丝：你听上去不怎么高兴。

波比：这是你的婚纱，我有什么好不高兴的？

贝丝：我就是觉得在纽约买的那件婚纱不是我的风格，穿起来像个纸杯蛋糕。

波比：嗯。

贝丝：而且那件裙子很重，穿上它我就别想跳舞了。

波比：嗯。

贝丝：我妈当年也是穿短款的小礼服结婚的。

波比：那是她第二次结婚穿的，贝丝。

贝丝：那件礼服真好看。我倒是很想穿，可惜那件礼服的腰线太低，我的……

波比：你的屁股太大，像我！都怪你外婆！

贝丝：就是嘛，都怪你，外婆。

波比：你必须保证它是白色的。

---

1　茶歇裙原本是欧洲贵族喝下午茶时穿的服饰，裙长大约到小腿中段，即脚踝以上约 5 厘米处。

贝丝：放心吧，是白色的。裙子很精致，全是由蕾丝做成的，上身是合身的无肩带紧身胸衣，下身是用薄纱撑起来的裙子，有点儿像那种芭蕾舞裙。

波比：那好吧。

贝丝：我真的好喜欢这件裙子。

波比：到时候记得要穿一件无肩带的内衣。

贝丝：穿这种款式的礼服我可以不用穿内衣。

波比：你还是穿吧，你将来会感激我的。

贝丝：我一直都很感激你呀！

波比：感激就对了。

贝丝：对了，你那天打算穿什么？

波比：我原本打算穿黄色。我看中了一件阿玛尼的黄色夹克，六月份的天气正好可以穿。

贝丝：穿起来一定很优雅。

波比：唉，可惜我穿不了裙子，都怪我腿上这几条难看的静脉！

贝丝：那就穿裤子好了！反正六月份天气还有点儿冷！你穿裤装也很好看。

波比：好吧。

停顿了一秒。

波比：贝丝？

贝丝：在呢，外婆。

波比：你到时候一定美极了。

噢，贝丝，你一定是把手机调成静音了。叫我说你什么好呢？我有没有跟你说过，我当年的婚纱是我的嫂子莉莉，也就是利奥的妻子，在一个人体模型上一针一线缝制出来的？虽然不是出自什么名家之手，可那件婚纱真的很华丽——蓬蓬的袖子，蕾丝的高领，还有曳地的裙摆。我当时也没想要留作纪念，所以你母亲小时候玩过家家时，我随手就把那件婚纱给了她。她经常穿着它和一群小伙伴在后院跑来跑去。没过多久，那件婚纱就被毁得不成样子了。我一点儿也不在乎，你见我在乎过什么呢？后来，你母亲的婚礼就是在这个后院举行的。还举行了两次。

第一次她穿的是一件精美的礼服。她讨厌那件礼服，可我非逼着她穿。

她和你父亲结婚那会儿还在医院实习，累得筋疲力尽。有两次我和她一起吃午饭，看见她头发上还沾着病人的血。到了该买婚纱的时候，我陪她去逛了萨克斯百货。她当时想都没想就随便从货架上取了一件。那是一件便装小礼服，根本算不上正装。

你真是越长大越像你妈了。

# 两个版本的故事

版本一：

你的到来其实并不在他们的计划之中。这句话要是被你妈听到了，她非"杀"了我不可。

那是她在医院实习的第二年。那一天，她得知自己通过了医学考试，就出去喝酒庆祝了。她一晚上不知喝了多少杯金汤力酒，险些就奎宁[1]中毒了，不知道的还以为她在治疗疟疾呢。她一连吐了好几天都不见好，感觉浑身都不舒服。她担心自己得了什么不治之症，就连忙去挂了急诊。那位医生看了她一眼，问道："你上一次月经是什么时候？"她想了大概一分钟，随后便一口吐在了那位医生的鞋子上。答案再清楚不过了。你之前还纳闷自己为何那么喜欢喝金汤力酒，现在总算明白了吧。

九个月过去了，你却还待在你母亲肚子里不肯出来。她怀你怀

---

1 金汤力酒是鸡尾酒的一种，由金酒（杜松子酒）和汤力水（奎宁水）混合调制而成。奎宁是治疗和预防疟疾的一种常见药物。

得很辛苦。我每次去看她都得忍受她的抱怨，一会儿说"我的背疼得受不了，我走不了路，晚上也睡不着"，一会儿又说"他们一定是搞错了，我怀的肯定是双胞胎"。她直到生产前的最后一刻都还在工作。大大的肚子在她的手术服下面高高隆起，时刻提醒着别人她是这个科室里少有的女性医生（当时只有她和另外两名女性医生在哥伦比亚大学医院的精神科工作）。每当有病人问起，她就开玩笑地说："我刚吃了一顿丰盛的午餐。"

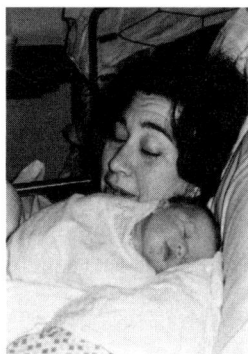

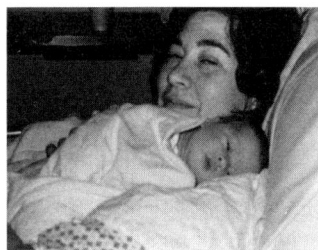

罗宾怀抱着刚出生的贝丝

在第 41 周时，她仍拒绝入院等候生产。"剖宫产"三个字她更是连提都不愿意提。每次我在电话里劝她赶紧把你生下来，她都直接把电话挂了。你们母女俩仿佛暗暗较上了劲，看谁能熬得过谁。

预产期过后的第 13 天，正当她在第 86 街和阿姆斯特丹大道交叉路口的那家泡芙咖啡馆里等候她点的一份煎蛋卷时，她的羊水突然破了，流得皮沙发座上到处都是。她不禁大喊了一声"惨了"，吓得一旁的勤杂工赶紧跑过来查看。她在桌上留了一张 10 美元的钞票，然后大步走到门口，拦下一辆计程车，在 8 点钟左右赶到了纽约医院。

医院里的人呼叫了你父亲，他当时正在西奈山医院做危重病护理。他的反应倒是很及时，8 点 20 分就冲进了病房。此时病房里只有你父亲和一个护士陪着你母亲，负责她生产的那位医生正在从韦斯特切斯特赶过来。大家都显得很从容，因为在他们看来，你母亲分娩的事情八字还没有一撇呢。护士们一般在上午 9 点钟交班，此时南、北两栋楼的护士都要走过一座天桥去到对面的楼。你偏偏就选在这个时间，9 点 02 分，一下子冲了出来，掉进了一个手足无措的年轻医生手里。还没等他反应过来，他就又被喊去为别的产妇接生了。于是他无助地看着你父亲，问道："您也是医生，对吧？"见你父亲点了点头，他立刻就把你丢给了你父亲，什么也没交代就走了，留下你们一家三口在病房里面面相觑。后来，几个代班的医生听见了婴儿的哭声，才慌里慌张地冲进来，先是为你剪断脐带，又为你做了各项检查（结果自然是完美无缺），直到把你洗干净了，才又放回到你母亲的胸前。

你们母女此时都安静了下来，你把头侧向一边，很快就睡着了。

一小时后，我走进病房，你母亲问的第一句话就是："妈，我接下来该怎么做？"

版本二：

你母亲决定要生你的时候已经32岁了。

那一年，她顺利完成了第一年在医院的实习，并决定要研究精神病学。她终于找到了一门自己喜欢的学科，希望能运用自己的智慧和直觉去打开人们的心扉，帮助他们恢复理智，治愈他们精神上的痛苦。她在入学申请作文里写的正是她小时候喝粉红色牛奶的故事，以及她想要如何减少此类误诊，里面自然也少不了对我的责怪。

除此之外，她还找到了另一个一生所爱，那就是你的父亲。你父亲是你母亲的绝对拥护者。在这一点上，他完全不像那个詹姆斯。他虽然比你母亲小四岁，但在医学院里却比她高一年级——谁让你母亲那些年净忙着干些蠢事，要么让自己差点儿病死在巴黎，要么不小心嫁给了一个混蛋。你父亲在班上的成绩一直名列前茅，既是一位杰出的科学家，也是一位悟性很高的医生，一个名副其实的医者。他们刚认识的时候，他邀请你母亲去他在哥伦比亚大学医学院的宿舍，问她想不想尝一尝他做的帕尼尼。你母亲那时候根本就不知道什么是帕尼尼，但还是决定试一试。只见他从抽屉里取出一个新鲜的面包、一块陈年的切达奶酪和一瓶颗粒芥末籽酱，用一台不知叫什么的电器做出了一个无比美味的芝士三明治。你母亲一辈子都没吃过这么好吃的三明治。他愉快地看着你母亲一口一口地品尝着那个帕尼尼。从他的眼神中就可以看出，他活着的每一天都会把你母亲的幸福看得比什么都重要。这一回，你母亲没有看错人。四年后，他们幸福地步入了婚姻的殿堂。

在他们婚后的第二年，你母亲就准备好要参加医学考试了。为了迎接这场即将到来的考试，你父亲特意带她去了一趟圣巴特岛。他们住进了一家建在丛林里的、破烂不堪的民宿。这家的主人是一对年轻的波西米亚夫妇。他们几年前来岛上度假，便就此留了下来。你能想象那样的生活吗？成天和一群鸡鸭牛羊在一起，三餐吃的都是自家地里种的蔬菜。这对夫妻有一对双胞胎儿子，两个男孩都留着金色的长发，光着脚丫在地上跑来跑去。一家四口就这样无忧无虑地在岛上生活着。

到了假期快结束的时候，这两个小男孩已经教会你母亲如何开椰子和如何爬到罗望子树上去摘果子了。她把自己晒得又黑又健康，感觉前所未有地放松。临行前的那个晚上，她在那张偌大的公用餐桌上用完晚餐，忽然凑过去对你父亲说："我们生个孩子吧。"你父亲幸福得差点儿当场晕过去。

你在你母亲的肚子里一天天长大。她每次经过上西区那几家童装店，都忍不住要看看那些可爱的小裙子、蓝色格子的小围裙、带有花边的婴儿袜以及印有小鸭子图案的小帽子，每一样都令她爱不释手。她开始往家里买各种各样粉色的东西，这些东西她以前从未给自己买过。

工作的时候，病人们偶尔会摸着她的肚子问她怀的是男孩还是女孩。她总是咧嘴一笑，告诉他们自己怀的是女孩，心里简直比中了彩票还开心。晚上睡觉时，她常常被你踢醒，于是就哼起了"你能跳，你摇摆，享受你多姿多彩……"[1]这首歌，试图再把你哄睡着。

你比预产期晚了整整两周才出生。1月29日那天出奇地冷，你母亲却无论如何也要一大早出去散步。她走了大概两条街，来到第86街和阿姆斯特丹大道交叉路口的那家泡芙咖啡馆，刚找到一个位子坐下，她的羊水就破了。她激动地大喊了一声："谢天谢地！"引得一旁的勤杂工连忙过来询问。她往桌上扔了10美元，大步走了出去，拦下一辆计程车，对司机喊道："快，去纽约医院！我马上要生了！"

你出生时正赶上护士们在交班，因此没人顾得上你们。足足有一分钟的时间，病房里没有别人，只有你们仨。你母亲看了看你父亲，又看了看你，然后疲倦地闭上眼睛，把脸深深地埋进枕头里，轻声地说了一句："贝丝，就叫她贝丝吧。"

---

1 著名音乐剧《妈妈咪呀》里的一首歌曲，歌名为《舞会皇后》，是一首唱给闺密的歌。

## 周年祭

我走了有一年了。

我的声音出现在你脑海里的次数越来越少，你却怎么也不肯听手机里保存的那些语音留言。

你从几年前就开始保存这些留言，却从来不点开来听。这么做不仅会让你更伤感，甚至会让你变抑郁。

找时间听听它们吧。没关系，我会等你的。

或许是你担心自己会哭，又或许是那些留言真的很无聊，总之你就是不想听。不如就让我一条一条地说给你听吧。

*嗨，宝贝，我是外婆。记得给我回个电话。*

*嗨，亲爱的，我是外婆。不知你和查理新年假期有没有什么安排？我和你外公打算去这里的一家俱乐部吃饭。有空记得给我回个电话。*

| Greeting | Voicemail | Edit |
|---|---|---|
| Grandma Palm Beach<br>mobile | 1/27/17<br>0:17 | |
| Grandma Scarsdale<br>mobile | 10/23/16<br>0:11 | |
| Grandma Scarsdale<br>mobile | 10/23/16<br>0:27 | |
| Grandma Scarsdale<br>mobile | 10/16/16<br>0:24 | |
| Grandma Scarsdale<br>mobile | 10/2/16<br>0:16 | |
| Grandma Vineyard<br>mobile | 8/3/16<br>0:16 | |
| Grandma Scarsdale<br>mobile | 5/16/16<br>0:15 | |
| Grandma Palm Beach<br>mobile | 4/20/16<br>0:13 | |
| Grandma Palm Beach<br>mobile | 2/4/16<br>0:23 | |

| Greeting | Voicemail | Edit |
|---|---|---|
| Grandma Palm Beach<br>mobile | 2/2/16<br>0:26 | |
| Grandma Scarsdale<br>mobile | 11/2/15<br>0:32 | |
| Grandma Vineyard<br>mobile | 7/11/15<br>0:25 | |
| Grandma Palm Beach<br>mobile | 2/1/15<br>0:38 | |
| Grandma Palm Beach<br>mobile | 1/7/15<br>0:34 | |
| Grandma Scarsdale<br>mobile | 11/25/14<br>0:24 | |
| Grandma Scarsdale<br>mobile | 11/25/14<br>0:32 | |
| Grandma Scarsdale<br>mobile | 11/12/14<br>0:39 | |
| Grandma Scarsdale<br>mobile | 10/27/14<br>0:43 | |

贝丝手机里的语音留言记录截图

贝丝，我是外婆。我刚收到 J.Crew[1] 寄来的商品目录，正想打电话推荐你买上面的一款双排扣大衣呢。你穿驼色不好看，就买黑色的吧。有空记得给我回电话。

贝丝，你必须给你妈打个电话。她不放心你一个人在布鲁克岛招待那么多客人。他们都是成年人了，完全可以照顾好自己。反而是你，你的肠胃可承受不了这么大的压力。

嗨，我是外婆，快给我回电话。

---

1　J.Crew 是成立于 1983 年的美国知名服装品牌。

贝丝，我刚看完一部非常无聊的电影，是史蒂夫·乔布斯的传记片。这部片子你不看也罢，沉闷得很，这类题材的片子简直一抓一大把。你外公倒是挺喜欢。

贝丝，你不知道我现在有多难过。弗朗西斯去世了。噢，贝丝。噢，天啊，她才85岁。听说是因为中风。噢，贝丝，我一会儿再打给你吧。

贝丝，《纽约时报》上说你用的那些美发产品里含有甲醛。你千万别再用了。我会把这篇报道发给你。你一周吹一两次头发就好了，全世界的人都是这样做的。

贝丝。

贝丝，是我，外婆。我就在附近。

喂，贝丝，是我。我一会儿再打给你。

喂，贝丝。

贝丝，我就是随便打个电话。

贝丝。

是我。

我是外婆。


听听吧，快来听听我的声音吧。我就在这里，在你的手机里，在你的背包里。我哪儿也不去，我会等着你，等着你来听我的声音。你再不听，我就要从你身边溜走了，从此一点儿一点儿地消失。这种感觉太可怕了！可是只要你听听这些留言，我就还能像从前那样陪着你，天天在你耳边用清脆响亮的声音提醒你给我回电话。

第三章

# 相濡以沫

你和我从来都是平等的，

所以我们才能成为朋友，

而且是志趣相投的好朋友。

## 初次见你

我好像从未跟你描述过第一次把你抱在怀里的情形。

我们两初次见面就是在你出生的那一天。由于你比预产期晚了两周才出生，我老早就在纽约的一家酒店里"安营扎寨"，时刻准备迎接你的到来。

故事的前半部分你一定不陌生。那天你母亲发现自己的羊水破了，你出生时正赶上护士在交班，我和你外公接到消息后不到一小时就赶到了医院。

进入产房前，我先是仔细地套上了一件黄色罩衫，又用一个发网把头发拢了起来。我们进去的时候，你母亲已经睡着了。你父亲正在一旁照料她，不时地轻抚她的头发。于是，我放心地径直走向了你的摇篮。

摇篮里的你可爱极了，小嘴巴嘟嘟的，唇形如弓，一张小圆脸粉扑扑的。你的皮肤很白，像我。你有一双浅灰色的眼睛和一头偏红色的头发，这些全都像我。可见你从一出生就跟你母亲一点儿也不像。你微微地睁开双眼，一双细长的眼睛朦胧中还带点湿润。我擦去你下巴上的脏东西，又用手背碰了一下你的额头。你咿咿呀呀地冲我大声"抗议"，我也咿咿呀呀地回敬你。我小心翼翼地把你从摇篮里抱起来，紧紧地贴在我的胸前，你的小脑袋就在我的鼻子下面，我紧张得没有办法正常呼吸。我以前从未这样抱过孩子。于是我又把你托起来，抱到离我大约 30 厘米的距离。你睁着一双小眼睛，目不转睛地看着我。他们还没来得及给你取名字，于是我就一口一个"天使"地叫着。"你好呀，小天使。嗨，我的小天使。"

那一刻你躺在我的怀里，睁着一双酷似我的眼睛与我对望，这一切多么完美。

## ○记 2013 年 2 月的一次通话○

波比：嗨，宝贝，最近一切都好吗？

贝丝：挺好的。

波比：所以还不算太好？

贝丝：我正在做晚饭，今天一天太累了。

波比：你一工作起来就不要命。这份工作也太辛苦了，你妈说你经常忙到抱着笔记本电脑就睡着了。

贝丝：没事的，我能应付。

波比：查理去哪儿啦？

贝丝：他在市区的那个共同工作室里。

波比：我听你妈说，他的那份远程工作居然还要他自己掏钱租办公地点。

贝丝：他是在为一个人权组织工作，他们公司的预算都用来购买危机应对软件了……

波比：这点钱算什么？这类机构有的是资金。办公地点的租金就应该由公司来承担，在这一点上绝不能让步。

贝丝：看来他得拜托你给他们公司打个电话。

波比：得了吧你。你晚饭做的是什么？

贝丝：三文鱼，我是按照《纽约时报》上的菜谱做的。

波比：噢，我也很喜欢做三文鱼。

贝丝：你会做三文鱼吗？

波比：当然会啦！只要把它们放进微波炉里用高火加热就行了。

贝丝：你确定这样做出来的鱼能吃吗？

波比：那还用说？

贝丝：我才不这么做呢！

波比：贝丝，听我一句劝行吗？

贝丝：你想说什么？

波比：把那些鱼倒了吧，点一些像样的东西来吃。不会有人想吃家里做的三文鱼的。

## 第一天上幼儿园

我是否跟你说过你第一天上幼儿园的经历？那家幼儿园离你父母的公寓不过两栋楼的距离。当时你母亲刚休完产假回医院上班。噢，每次保姆要带你出门，你都哭得跟个泪人儿似的！那时候我已经搬去了佛罗里达。你外公和我几年前在棕榈滩买了一套公寓，从此我们每年有一半的时间都住在那里。于是，你母亲不得不在电话里向我求助："妈，你能来帮我送贝丝去上学吗？"我立刻挂掉电话，直奔机场，甚至都没等她把下一句话讲完。

我带你走进幼儿园，一路乘电梯上楼。电梯门打开的一瞬间，你下意识地攥紧我的手，力气大到差点儿没把我的手给捏断。我蹲下来抱了抱你，跟你说再见。你的呼吸变得急促起来，一颗小心脏眼看就要从衣服里蹦出来了，豆大的泪珠夺眶而出，怎么哄也哄不好。我担心你再这么哭下去他们就该报警了，于是就捧着你那哭红了的小脸，看着你的眼睛对你说："我的天使，我会一直在这里陪着你，就坐在门外，哪儿也不去。"你这才止住了哭声。因为你知道我从不骗你。甚至都不用我向你保证,你就自己把眼泪擦干,勇敢地走了进去。

幸亏我那天在包里放了一份《纽约时报》。

两分钟后,也可能只有一分钟,我听见身后有人在轻轻地敲门。我明白那是我们之间的小暗号。于是我站起身来,好让你可以透过门上的小窗户看见我。我给了你一个大大的微笑,说:"没事的,放心吧,外婆一直都在!"你点了点头,放心地回到了那群孩子中间。5分钟后,身后又传来"当当当当当"5下敲门声,于是我又站了起来,透过窗子冲着你微笑。又过了10分钟、20分钟、30分钟,我每隔10分钟就要重复一遍以上的动作。那一天,除了午休之外,你每隔一段时间就来敲一次门,而我也从未让你失望,每回都笑得跟广告女郎似的,好让你安心。因为你知道,只要有我在,你就一定安全。

一天下来,那份《纽约时报》上的文章,我连一篇都没有看完。

这样的情况持续了整整一个星期。直到星期五那天,你终于不再过来敲门,这下反倒是我不争气地哭了。

## ○记 2009 年的一段对话○

地点:一位亲戚的婚礼上

波比:贝丝,你的鞋!

贝丝：什么？我的鞋怎么啦？

波比：你怎么踩着高跷就来了！

贝丝：不高不高，才 8 厘米而已！

波比：少说也有 15 厘米。

贝丝：台上的宣誓仪式正进行到一半，难不成你想让我当众离席，然后叫一辆车回酒店换一双鞋再回来？

波比：换作是我，我一定会这么干。

贝丝：其实我还有一双更高的。

波比：哼！真不知你穿上这种鞋子要怎么走路。

贝丝：有些衣服就得搭配这样的鞋子。

波比：一套好的穿搭是不会让人感觉难受的。

贝丝：我并没有感觉难受。现在不舒服的人是你。嘘！我们能不能待会儿再聊这个？

波比：哦，当然可以。干脆等到你脚踝骨折被送上救护车了再聊吧。

贝丝：我的脚踝才不会骨折呢！

其他嘉宾回过头来示意要保持安静。

贝丝：不好意思！

波比：用不着跟他道歉，贝丝。他当年投的是布什的票。

## 陪伴成长

无论是第一次开口说话，还是第一次成功地站起来，你的每一次成长都少不了我的陪伴。

在你母亲继续完成实习工作的那几年，我每周都按时飞到纽约去照看你。我陪你待在你们家的小公寓里，成天都把你抱在怀里，不停地跟你说话，就盼着你早日开始牙牙学语。

你七八个月大的时候，有一天我拿着无绳电话在玛莎葡萄园岛那幢房子的客厅里踱来踱去，时而挥舞着一只胳膊，时而对着电话大声咆哮。你忽然在不远处兴奋地朝我尖叫，直到把我的目光吸引过去为止。接着，你扶着那张木制的矮脚咖啡桌一下子站了起来，笑眯眯地冲我挥手。我连忙停下脚步，挂断电话，一边向你挥手，一边激动地喊着："嗨，我的小天使！"这时，你突然放开双手，身子晃了几下，还没等站稳，就一屁股坐在了地上。这一幕可把我看呆了。谢天谢地，还好你当时没有朝前倒。

两年后的你已经能够踩着我的红色高跟鞋满屋子跑了。你总是一边跑一边喊着我们仨的名字，"汉克！罗宾！贝丝！"，别提有多逗了。你会打开我的首饰盒，仔细查看每一格里的每一件首饰，然后挑出几个戒指来，不可思议地看着它们在光下闪闪发亮。你会戴着那对珐琅手镯，走到哪儿就晃到哪儿。你也会拿起一串珍珠，爱不释手地看着它们从指间滑过。你视那些首饰如珍宝。我总是对你说："喜欢吗？这些东西将来都是你的。"你问："要等到什么时候呢？"我说："等你再长大一点点。"我有时会送你一个便宜的小别针或者一条琥珀串珠项链，你一时高兴，也就不再追着问了。

你时常坐在我化妆间的一张软凳上看着我涂口红。我先是把嘴张得又大又圆，然后往嘴唇上涂抹一层鲜艳的珊瑚色，再从银色的盒子里抽出一张纸巾，将它对折放在上下唇之间轻抿一下，这样做是为了让纸吸走唇膏上多余的油脂，否则不一会儿它们就会在唇周结块，让人看起来像个算命的神婆。

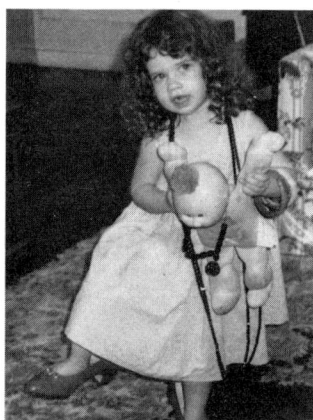

刚学会走路就穿戴上波比的高跟鞋和首饰的贝丝

你回家后便求着你母亲给你买一支口红，那一年你刚上三年级。你母亲立马就给我打了电话。

"她说你给她用了你的化妆品。"

"噢，拜托，我们玩得可开心了。"

"妈，她还是个孩子。像她这么大的孩子应该玩球。"

"哪个小女孩不爱涂口红呀？"

"我就不喜欢。"

"说的也是。"

说到这里，她"咔嗒"一声就把电话给挂了。

你12岁那年第一次独自一人来棕榈滩和外公外婆一起过寒假。那天，我一大早就到机场去接你。你一踏进航站楼，我们就像两头公牛似的飞快地冲向对方。

每天上午，我们都会抹上防晒霜，戴着大大的遮阳帽坐在泳池边看书。我们有时也会坐在厨房的餐桌旁，吃着切好的哈密瓜，天南地北地闲聊。我们还逛了内曼百货和萨克斯百货。我给你买了一条淡紫色的亚麻围巾，你喜欢得不得了，一年到头都戴着它。

一天下午，我让你陪着我去沃特大街那家美容院做美容，顺便让那里的工作人员把你的一头卷发吹直。看着你安静地坐在椅子上看书，我的心里别提有多欣慰了。

你真是外婆的小乖乖。

你母亲却因此对我不依不饶。

上一次她这么小题大做还是在你很小的时候，起因是我剪了你一小缕头发。那件事在你母亲看来简直不亚于我朝你的脑袋开了一枪。你才三四岁就长了一头非常好看的头发，浅红棕色中还隐约带着几缕金色。一天下午，你从幼儿园回来，家里就剩我们两个人，我忍不住从厨房里拿来一把剪刀，剪下了一小缕你的头发。你一点儿也不介意。再说了，我这么做也是经过你同意的！

"你可不可以给外婆一小缕你的头发？"我问道。

你当时的回答我永远也忘不了。

"我以后还能要回来吗？"你说。

我大笑道："当然可以！"

于是我剪下一小缕，放进一个密封塑料袋里，一整年都把它带在包里，每次去做头发时，我都拿着它对发型师说："就染一个跟这个一模一样的颜色。"

## ○记 2013 年 6 月的一段对话○

地点：贝丝的婚礼现场

台上的演讲结束。

波比：贝丝。

贝丝：怎么啦？

波比：没事！什么事也没有。

贝丝：那你为何不停地走来走去？你都走了有 20 分钟了！

波比：你不该安排拉比和查理的父亲坐在一起。

贝丝：为什么？

波比：刚才他主持的仪式你也听到了。

贝丝：是啊。我全听到了。

贝丝在自己的婚礼上与波比讨价还价

波比：他从头到尾都在翻来覆去地背诵祷告词。

贝丝：可那是他的工作呀，外婆，除此之外他还能干什么？而
且依您的要求，今天的婚礼最多只做两场祷告。

波比：查理的父亲一定会觉得这位拉比很无聊。

贝丝：才不是呢。你瞧，他笑得多开心啊！

波比：一看就不是发自内心的笑，他只是不想失礼罢了。像他
这种上过寄宿学校的人都很有教养。他心里一定认为我
们全都无聊透顶。

贝丝：可他认识你呀！我敢说他绝对不会认为我们无聊。

波比：你就笑话我吧！我还是觉得不妥。我现在就去把他俩
　　　分开。

贝丝：不用了，外婆。求求你了，别再折腾了。

波比：为什么？

贝丝：因为这些全都不重要。现在他父亲如何认为都没那么重
　　　要了。你知道为什么吗？

波比：为什么？

贝丝：因为我已经赢得了查理的心，他这辈子都别想逃了。

波比：哈！

## 志趣相投的朋友

你七岁那年，有一回我带你到棕榈滩的沃特大街上吃午餐。那些年，不少时装店都采用了一种新的促销方式。他们会雇上三五个模特，让她们穿戴上店里的服饰，再上街去和那些在街边咖啡馆用餐的女士攀谈。这一招的确挺管用。

那天，一位打扮得"珠光宝气"的女人走到你面前停了下来。她浑身上下的人造首饰一看就是专门为出门旅行准备的便宜货。当时你正在埋头吃着一盘薯条，那些薯条堆起来足足有你的脑袋那么大。她见你十分可爱，就笑着对你说："想不想让你外婆给你买几条这么可爱的手链呀？"你直视着她的眼睛，对她说："它们对我来说太笨重了。"你居然用了"笨重"这个词！而且用得如此贴切！一定是我在你面前说过这个词。噢，一看那女人脸上的表情，我当场就笑得直不起腰！那几条手链的确很难看。别看你当时年纪小，眼光却很不错。

我从未把你当小孩看待，我也未曾带你去参加过那些所谓的"儿童活动"，比如画画或滑冰，然后像其他家长那样百无聊赖地坐在一旁等候。我也不是那种坐在公园的长椅上看孙子荡秋千或玩攀爬架的外婆。我总觉得在那种亲子关系里，大人和小孩是不平等的。

我从未给你做过好吃的，因为我对烘焙一窍不通。我也不曾读书给你听，因为你早就学会了自己看书！你五岁起就经常和我一起坐在沙发上看书，你看你的，我看我的。我们会一起去逛博物馆，一路上聊的全是艺术。我会带你去吃洛林派[1]，你总是三下五除二地就把它吃完了。没错，我们还一起去美容院，趁我染发的那段时间，他们正好可以为你修剪头发并吹干。我们经常谈论各自的朋友，聊一聊他们谁不忠诚、谁最无聊，还有谁交错了男朋友。我会拉着你陪我去内曼百货买适合在派对上穿的套装，你总是认真地帮我挑选颜色。

你和我从来都是平等的，所以我们才能成为朋友，而且是志趣相投的好朋友。

## ◯一顿简单的午餐◯

地点：百老汇大街与第 106 街交叉路口的亨利咖啡馆

时间：2013 年

---

1　洛林派是一种经典的咸味法式蛋奶派，馅料以奶酪、培根、海鲜和蔬菜为主。

波比：我一点儿也不饿。

贝丝：我也不饿。

波比：我就随便吃一点儿清淡的吧。

贝丝：我也是。要一份沙拉就好了。

波比：沙拉这个主意不错，或许可以再来一份汤。

贝丝：这家店有番茄浓汤。

波比：完美。

服务生：两位女士想吃点什么？

波比：贝丝？

贝丝：请给我来一份番茄浓汤和一份鸡肉凯撒沙拉，沙拉酱单独放。

波比：我要一份炸鱿鱼和一个五分熟的牛肉汉堡。

服务生：小食要搭配薯条还是洋葱圈？

波比：一份沙拉吧。

## 外宿的故事

我们俩都属于很难入睡的那种人。我们睡前总是会莫名地兴奋或紧张，总觉得要干点什么，要么看点书，要么吃点东西，有时干脆就胡思乱想。常常是熄了灯躺在床上，直到半夜了还睡不着，眼神空洞地盯着天花板，脑子却始终转得飞快。

你还记得埃莉诺·波特吗？就是你曾经非常喜欢的一个女同学，她心地善良又很有礼貌。我记得你们当时都在读一套历史小说，讲的是几个殖民地风格的娃娃突然活过来的故事。你最近有她的消息吗？你可不能和儿时的好朋友断了联系呀，宝贝。还是上网找一找她吧。

话说回来，你八岁那年有一次在埃莉诺家过夜，那一夜你怎么也睡不着。你在睡袋里辗转反侧，折腾出一身的冷汗，甚至开始在脑子里自言自语。一个八岁大的孩子怎么会有如此大的压力？难不成是在担心玩具屋不符合安全规范？

这种情况在以前也发生过，比如在那个叫丽贝卡的女孩家里，还有去参加克莱尔的生日派对那次。最近的一次是发生在几周前你去斯特凡妮家过夜的时候。你母亲警告过你这样的情况还会发生，她让你晚饭后就回家，甚至威胁说过了 10 点就不去接你了。用她的话说就是，你要有"自知之明"。

但你偏不服气，就是不肯按她说的做。于是你开开心心地吃完晚饭，把她的叮嘱完全抛到了脑后。你换上睡衣，和其他女孩一起看了那部电影。尽管你全程都咬紧牙关，感觉体内的肾上腺素不停地飙升，但你还是坚持把电影看完了，并且做好了熄灯睡觉的准备。一进到睡袋里你就不行了。你感觉墙上的钟走得太大声，又感觉尽管隔着好几层衣服和被子，还是能感觉到地毯下面有一个订书钉，甚至连睡衣裤子里的标签都使你极度不安。今晚注定又是一个不眠夜。

可是你无论如何也不会给你妈打电话，就算再想回到自己的床上睡觉，你也绝不会向她投降。于是你想到了另一个办法——呼叫外婆。

夜里 11 点，你设法钻出自己的睡袋，蹑手蹑脚地来到厨房，拿起电话，熟练地拨出了我在阿兹利的号码。这个号码是你当时记得最牢的三个电话号码之一。

30 分钟后，我已经开着那辆奶油色的讴歌出现在她家的大门口。我不想大家第二天醒来后发现你失踪了报警，就坚持让你去跟女孩的父母说一声。于是你只好夹着尾巴走进他们的卧室，去跟他们道别。他们一点儿也不介意这么晚了还被打扰，立刻就表示了赞同。这对夫妇真是善解人意，尤其是埃莉诺的母亲。

你把收拾好的行李和睡袋一起递给了我。我把你塞进汽车的后座，直接送你回你父母家。15 分钟后，当我把车开进你家的车位时，你早已在后座上美美地睡着了。

我不忍心吵醒你，于是就在车上听了半个小时的新闻，直到你睡熟了才轻轻地把你抱起来，像抱布娃娃似的把你送进家门。

可你毕竟不是三岁小孩了，而是一个八岁的大姑娘。那一趟回来后，我的背整整疼了一个星期。

你母亲果然还没睡，她整晚都坐在客厅里等着你给她打电话。

## ○记 2015 年的一次通话○

波比：我刚看了一场精彩绝伦的展览。

贝丝：是关于什么的展览？

波比：在新画廊举办的克林姆特[1]作品展。贝丝，你一定要抽空去看看。

贝丝：好的，我下次回家就去看。

波比：你一定会喜欢的。很难得一次性能看到他那么多作品，挂满了一个又一个展厅，的确不同凡响。

贝丝：我记得洛杉矶郡艺术博物馆也有一幅克林姆特的作品。

波比：那八成是他不太好的作品。

---

1 古斯塔夫·克林姆特，奥地利知名象征主义画家，开创了维也纳分离派，著名作品有《金鱼》《吻》《艾米丽·佛罗吉像》等。

# 大都会艺术博物馆

你还记得我们以前是怎么逛大都会艺术博物馆的吗？

我会带上黄色的便签本和几支铅笔，陪你坐在一些画作的前面，看着你在本子上画画。

"比萨拉比亚[1]，你在这幅画上看到了什么？"

"一些干草垛。"

"今天竟然有幸和你这位《纽约时报》的首席艺术评论家一起逛博物馆。"

"所以这幅画画的到底是什么呢？"

"不如你来告诉我。"

于是你好奇地凑近那幅画，眼看鼻尖都要蹭到上面的颜料了，在场的保安见了急忙大声喝止。你立刻像触电似的跳开来，直起腰杆冲我耸了耸肩。我们互相做着龇牙咧嘴的表情，场面一度十分尴

---

1　比萨拉比亚（Bessarabia）是外婆对外孙女贝丝（Bess）的爱称。

尬，好在你很快就恢复了镇定。只见你清了清嗓子，一脸严肃地抱起双臂，眯起眼睛仔细地看着这幅画，身子的重心在两只脚上来回切换，像极了那些高高在上的鉴赏家。这套动作从 30 秒一直坚持到 5 分钟，你每隔一会儿就会学兔八哥的样子，用两根手指挠一挠自己的下巴，就差没有掏出一条手帕来擦单边眼镜了。

你反复推敲，直到憋得耳朵"冒烟"了才给出一句酝酿已久的评价："我认为他很喜欢干草，但同时也可能很喜欢画画。"

我趁机回头对那几个保安说："雇她陪我走一圈要 50 美分。"

欣赏完艺术，才迎来我们本次博物馆之行的重头戏——吃奶酪拼盘。我们会去一家非常古老的餐厅，那家餐厅过去就开在博物馆后面那个四周环绕着柱子的中庭。我们会排队去取来两个摆满了各式奶酪的塑料盘子，找一张远离游客的安静的桌子，坐下来一边聊天，一边慢条斯理地享用盘中的点心。我们通常是先从布里奶酪吃起。先是掀开它的表皮，用饼干直接挖着吃；再把一片片切好的草莓按进松软的奶酪里，然后把它们一口吃掉。我们这种吃法可以说是相当法式了。

接着我们会尝一点儿切达干酪，最后再把盘子里剩下的蓝纹奶酪全都倒掉。在走出博物馆的正门之前，你通常会买一张明信片带回家，上面印着你最喜欢的画，不用猜也知道那上面画的肯定与花有关。

## ○记 1994 年游大都会艺术博物馆时的一段对话○

地点：永久馆藏区


波比：贝丝，我要你拿着这个笔记本到这几间展厅里转转，然后告诉我有多少作品是女画家画的。

贝丝：然后我们就可以去看《芭蕾舞女》了吗？

波比：这里汇集了全世界最伟大的杰作，你却偏偏只想看一个老头子整日进出舞蹈训练室画的东西。我早该把他抓起来才是。

贝丝：可我就喜欢看《芭蕾舞女》。

波比：先完成这个任务，再去看那些该死的芭蕾舞女，到时候你想看多久都行。

30 分钟后。

贝丝：算好了！有 8 个女画家。

波比：有 8 个呀！

贝丝：没错。

波比：你把她们的名字都记下来了吗？

外孙女磕磕巴巴地读着那些名字。

贝丝：西蒙·马丁尼、安德烈·德尔·萨托、卡米耶·柯洛、安尼巴尔·卡拉奇、安德烈亚·曼特尼亚、朱尔·巴斯

171

蒂安－勒帕吉、卡米耶·毕沙罗和扬·斯蒂恩。

波比：噢，宝贝，拿给我看看。

波比从大手提包里拿出一副眼镜戴上。

贝丝：我漏掉了谁吗？我把那些画全看了一遍。

波比：你说的这几位全是男画家。

贝丝：可他们取的全是女生的名字。

波比：欧洲人的名字就是这样的。

贝丝：那我是不是漏看了哪个女画家的作品？

波比：实话跟你说吧，这里压根就没有女画家的作品。

贝丝：所以我上当啦？

波比：你就当是给自己上了一课。

贝丝：什么课？

波比：一个男人只要在某个方面还算过得去，大家就会认为他很优秀。这附近只有一幅女画家的作品，就在前面的美国艺术区。

外婆牵着外孙女的手，走进下一个展区。

波比：就是这幅画，《茶桌旁的女士》，作者是玛丽·卡萨特。

贝丝：这幅画我喜欢。

波比：喜欢就对了。你知道怎么辨认玛丽·卡萨特的画吗？

贝丝：怎么辨认？

波比：她对画里的人物很照顾，从来都不画她们的屁股。

《茶桌旁的女士》，作者玛丽·卡萨特

## 上学的恐惧

贝丝，为了你我什么都能舍弃，这一点我想你是知道的。你还记得你上小学时，我们每周一的约会吗？

你上到三年级的时候突然变得很胆小，以至于课间休息时都不敢出去和其他孩子一起玩。每天一到午餐时间，也就是中午11点半左右，你就准时喊头痛，然后自觉地去医务室躺着。久而久之，医务室里的护士看出了你的小心思，于是她再也不肯放你进去，还打电话向你母亲告状。之后就算你伤得头破血流，那位护士也会把你拒之门外。

于是你又转而"投靠"图书管理员金斯顿夫人。我猜这位夫人平时巴不得有人跟她说话，所以一开始并没有拒绝你。她会时不时地向你推荐一本书，你每次只花三个晚上就读完了。她让你利用午餐时间帮忙把一些书籍整理归位，因此你十岁左右就对杜威的十进分类法[1]有了初步的了解。整理完所有的书籍，无所事事的你又盯上

---

1  十进分类法是由美国人杜威编制的综合性等级列举式分类法。美国95%的公立学校图书馆和全球20万个图书馆都在使用杜威的十进分类法进行图书分类。

了图书馆里的其他事情。你为图书馆做了一条巨大的横幅，上面写着"阅读是有趣而必不可少的！"。你不仅处处留意金斯顿夫人的言谈举止，还像漫画里的吉布森女郎[1]那样把头发高高地盘起，动不动就大惊小怪地喊"天哪"，甚至还让你母亲给你买了一件带流苏的麂皮背心。最后就连金斯顿夫人也看出你很不对劲，于是就打电话跟你母亲说了你那段时间的种种表现。你母亲又能怎么办呢？她工作那么忙，根本就脱不开身！她那时在经营一家自己的诊所，每天都有一堆的心理疾病患者等着她去治疗。可想而知，我又一次接到了她的电话。

"妈，贝丝她就是个小麻烦精，她怎么都不肯和别人一起吃午饭和午休。"

"她只是暂时没有合得来的小伙伴。"

"她需要帮助。"

"你这个精神科大夫正好可以帮她。"

"我已经无计可施了。她现在每天早上都哭，就是不肯去上学，而且一到星期天晚上就睡不着，说是头疼。"

"头疼？"这一幕仿佛似曾相识。

"对，头疼。"

关于头疼这件事，我和你母亲都记忆犹新。

---

1 吉布森女郎是19世纪末20世纪初美国家喻户晓的女性形象，由艺术家查尔斯·达纳·吉布森创作，是美丽、聪慧、热衷政治、富于商业头脑和魄力、充满活力的"进步时代"新女性的楷模。从外形上看，吉布森女郎有着丰满的胸部、臀部和纤细的腰，被认为是美国人心目中最理想的美女形象。

于是我说："交给我吧，我有一个绝妙的办法。"

第二天中午 11 点半，我准时来到了你们学校。我先去校长办公室签了一份家长声明，然后坐在你教室外面的长椅上，一边看《纽约时报》，一边等你下课，那种感觉简直和当年送你上幼儿园时一模一样。正午时分，下课铃响了，孩子们陆续走出教室，唯独你拖到最后才出来。你当时脚步沉重，目视前方，神色黯然，像极了正在被押送刑场的囚犯，只是这名囚犯穿的不是囚服，而是一条鲜艳的粉色灯芯绒裤。

当我喊出你名字的那一瞬间，你脸上的表情我一辈子也忘不了。你大喊了一声"外婆"，然后飞快地跑过来一把搂住了我的腰，差点儿把我给撞翻了。

"走，贝丝，我们一起出去吃午饭。"

我们脚步轻快地穿过走廊，走出校门，坐上我那辆讴歌，头也不回地出发了。你根本不在乎接下来要去哪里，只是熟练地为自己系上安全带，舒舒服服地闭上眼睛，贪婪地呼吸着自由的空气，当然也包括车内的皮革味和我口红上的脂粉味。

大约十分钟后，我们坐进了一家名叫特里奥的餐厅，这家餐厅就开在一个沿街的购物中心里。此时餐厅里坐满了推着婴儿车的妈妈们和几位品着红酒的中年妇女，外加我们这两个"逃犯"。

一位服务生走了过来，问道："两位女士需要点什么？"

"我要一份特里奥沙拉，多放一些培根，但不要蓝纹奶酪。"

轮到你点餐时，你放下菜单，一本正经地说："给我来一份一样的。"

我不由得扬起了一边眉毛。

"给两位来点什么喝的呢？"

"我要一杯去咖啡因的冰咖啡，一半咖啡一半奶。"

只见你顿了一下，说："我也一样。"

"贝丝，你不会喜欢喝的。"

"不，我就喜欢喝这个。"

"要是你妈妈知道我给你喝了咖啡，她准饶不了我们。"

"没关系，里面又不含咖啡因。"

服务生为我们端来了沙拉。你仔细观察我如何把酱汁浇到食物上，又如何用叉子和汤匙把它们拌匀，然后便学着我的样子拌好了自己那份沙拉。接着，我往那杯冰咖啡里加了一包糖，再用吸管轻轻地搅拌了一下。你依然模仿了我的做法。

我把双手叠放在腿上，等着看你喝咖啡的反应。只见你将信将疑地尝了一小口，脸色唰的一下就变了。

"怎么样，贝丝，我说的没错吧？"

你哑着嗓子回了一句"没错"，就赶紧往嘴里塞了一大口培根，想要缓解这一口咖啡带来的苦涩感。

我挥手示意服务生过来，对他说："给她来一杯秀兰·邓波。"

你好奇地问道："那是什么东西？"

"听我的准没错。"

不一会儿，服务生端来了一杯用高脚杯盛着的饮料，杯中的石榴汁还在不停地旋转，形成了一个个冒着泡的粉红色漩涡，甚是好看。

你一边用手里的红色小吸管戳着杯口的那颗小樱桃，一边开心地喊道："外婆！"

"怎么啦，我的比萨拉比亚？"

"我们明天还来这里吧。"

于是，第二天我们又来了。

还有接下去的第三天和第四天。

连着一个星期，我们每天都来这里吃午餐。在那之后的一年里，我每个星期一中午都把你从学校带出来吃特里奥沙拉，直到你彻底克服了对上学的恐惧。

说起来你还真得感谢我呢！

在你们为我举行追悼会的那一天，你和你母亲一同去到那个购物中心，结果却发现那里早已不是什么特里奥餐厅，取而代之的是一家寿司店。你们满怀期望地走进去，试图找回当年的感觉，最终肯定是失望而归。你们找了个座位坐下来。你母亲见你对着菜单发呆，就问你是否想走了，你却坚持要多坐一会儿。服务员过来点菜时，你说："能否给我来一杯秀兰·邓波？"之后你用一根吸管两大口就把它喝完了。

## 做什么都愿意

噢，你小的时候，我可喜欢带你去逛布鲁明戴尔百货了！

重点是我们每次都打着去看百老汇演出或芭蕾舞表演的旗号，目的却是看完演出后可以一起去商场买买买。我总是开着车去你父母家接你，就是那套位于第 84 街离哥伦比亚大学很近的小公寓。这套公寓还是你父母结婚那年我付了首付为他们买下的。当时你父亲还一贫如洗，一心想着继续做研究，根本不打算开诊所挣钱。

你一听说我要去公寓接你，早早就做好了准备，门铃一响就噌的一下站起来。其实我不是没有那间公寓的钥匙，只不过怕你父亲介意，所以每次去都很守规矩地先敲敲门。

"有人吗？"

"是谁呀？"

"是我，外婆。"

"是哪个外婆呀？"

"波比外婆！"

"稍等，马上就来！"

话音刚落，就听见你在里面迫不及待地扒拉门把手开锁。不一会儿你就穿着那件劳拉·阿什利的玫瑰花蕾印花裙，漂漂亮亮地出现在我面前了。

这件裙子对你来说很特别，任何重要的场合你都穿着它。你穿着它和我一起去医院看望你刚出生的弟弟，还穿着它去参加幼儿园举办的第一次演出。那场演出要求所有的小朋友都穿黑色。那天我去公寓接你，发现你完全打不起精神，问题就出在那身 T 恤加运动裤的演出服上。于是我说："贝丝，今天可是你第一次上台表演！怎么能打扮得好像要去抢银行呢？"你转身冲进了房间。起初我以为你生气了，没想到你关上房门，两分钟后又出来了，换上了这条裙子和一双白色的长筒袜，还为自己搭配了一双在上西区的哈利鞋店买的白色礼服鞋——在非常短的时间内就搭配出如此完整的一套行头。你一边气喘吁吁，一边优雅地转了一圈，还行了一个屈膝礼。那一天你的父母都在上班，于是我就作为家长坐在台下的观众席上。我用一台老式相机为你拍了一张照片。其实每个人都需要一件这样的"战袍"，好让自己一穿上它就有信心去做任何想做的事。

贝丝靠在波比的腿上与家人合影

　　你五岁生日那天，我先带你去广场酒店喝了下午茶，然后又一起去看了芭蕾舞剧《天鹅湖》。我之所以记得那么清楚，是因为你看到第二幕的时候几乎是从头哭到尾。我们的下午茶是在棕榈厅[1]喝的，那里有高耸入云的拱形玻璃天花板和几棵种在大厅中央的棕榈树。你一走进那两扇黄铜色的大门就瞬间瞪大了眼睛，激动得直喊"外婆"。我一脸骄傲地说道："这才是我们该来的地方。"

　　你舒舒服服地坐在一张像王位般大小的椅子上，我点了一份双人下午茶。你把那些茶点逐个看了一遍，挑了一个粉红色的尝了一

---

1　棕榈厅是纽约广场酒店内的一个高级餐厅，位于正对酒店正门的高大中庭，是纽约上流社会人士的下午茶圣地。

口，脸色一下子就变了。我居然点了一份生的三文鱼给一个年仅五岁、只吃过黄油意大利面的孩子吃！你看了一眼邻桌客人点的东西，对我说："我们可不可以点一份和他们一样的呀？"

我冲服务员招了招手，那里的服务员清一色都穿燕尾服背心，气质相当高雅。一分钟不到，他就端来了一份三种口味的冰沙，周围还摆了一圈水果，这个摆盘一看就是精心设计过的。

你先是把那些浆果一颗一颗地吃掉，接着又对一个奇异果惊讶不已。你以前从没见过这样的水果！你小心翼翼地尝了一小口，之后三下五除二就把它吃完了。由于吃得太急，你被奇异果的酸味呛得眼泪直流。然后你又一口气吃光了所有的冰沙，这才心满意足地闭上了眼睛。

我对你说："贝丝，只要你开心，外婆做什么都愿意。"

大概是因为刚吃了冰的东西，再加上一时的兴奋，你的小脸涨得通红，一连对我说了好几声"我爱你"。

你说一句，我就回一句。

我走后，你还会来这里故地重游。3月8日，也就是你们为我服丧的第3天，这一天本是我的91岁的生日，你注定又要伤心地从早哭到晚了。你在葬礼上哭得肝肠寸断，好几次都差点儿吐了出来。到了3月8日这一天，你在你父母的家中醒来，冲了个澡，穿上一件真丝衬衫和一条毛料的裙子。至于袜子和鞋子，你选了一双不透明的黑色连裤袜来搭配一双及踝短靴。这双靴子虽略显男性化，但至少能让你看起来高个两三厘米。

你一边穿衣打扮，一边随口问你母亲是否需要留下来陪她，她自然是鼓励你出去散散心。带着一种不好意思小心思被发现了又有点儿小激动的心情，你没有告诉父母你要去哪里，只是悄悄地从那本葬礼上带回来的相册中取走了一张我的旧照片。

　　你把照片收进钱夹里，快步下了楼，在西区大道上拦下了一辆计程车。这一次，你终于没有搭地铁，而是按照我一直以来的习惯坐了计程车。你抬头挺胸地走进广场酒店，询问那间"有许多棕榈树的餐厅"在哪里。于是他们把你带到了棕榈厅。你问那里的服务生："你们现在还提供下午茶吗？"得到的回答是"当然有，小姐"。虽然这家酒店多年前就被某个资质很差的集团收购，并且把一半的房间都改成了公寓，但棕榈厅里的这些员工却依然训练有素。

　　你入座后先是环顾了一下四周，发现餐厅里除了一桌外国游客正在用手机拍照，以及几位有身份的母亲带着她们的女儿来喝茶之外，几乎没什么人。于是你小心地从包里取出我的照片，让它靠在一个蓝白相间的茶杯上，使它能够立起来，然后拿出手机来拍了张照片。你点了一份双人下午茶。菜单上的价格你看都不看一眼就为自己选了一壶伯爵茶。你把茶点一口不剩地全吃光了，包括那份三文鱼。你显然已经吃不下那个司康了，却还是硬着头皮把它咽了下去。服务生过来收盘子的时候，见你默默地流泪，便问道："小姐，需要我为您做点什么吗？"你连忙答道："一杯皇家基尔酒。"那杯酒刚喝到一半你就开始犯恶心，都怪刚才那个司康。

你结完账，对着桌上的那张照片道了一句"外婆，生日快乐"，就这样为我过了91岁生日。

广场酒店的一张餐桌（摄于波比去世几天后）

## ◯记 2016 年的一则语音留言◯

嗨，贝丝。我是外婆。我刚在《纽约时报》上看到一篇关于猫的文章。你最好先坐下来再听我说。据说猫的粪便里有一种毒素，会直接侵入人脑，听上去相当危险。总之，他们说养猫对怀孕的人来说特别不好。布鲁克林有不少女人都把家里养的猫送去了动物收容所，这个做法很明智。我知道你喜欢那只小家伙，但你每次处理阿尔的粪便和更换猫砂时，都是在冒险接触一些很可能会一发不可收拾的问题和一些未知的危险。你母亲说你和查理还没准备要孩子，但这种事情谁也说不好，你可别还没怀孕就先把身体搞坏了。干脆把那只猫送人吧。我会把那篇文章寄给你。不，是寄给那只猫。

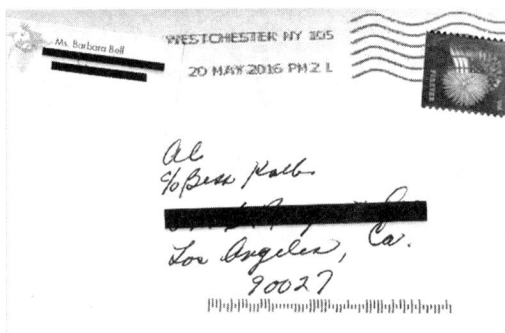

波比写给贝丝的猫——阿尔的一封信

## ○记 2015 年开车途中的一段对话○

地点：棕榈滩，南海洋大道

波比：你知道吗？米丽娅姆的孙女贝琪雇了个夜间保姆来照看孩子，可她本人又不用上班。

贝丝：那又怎样？每个人都需要休息嘛。

波比：我就从没请过夜间保姆。

贝丝：所以说你比米丽娅姆的孙女更能干呀！

波比：他们哪儿来的钱请保姆啊？贝琪的丈夫就是个平面设计师。这笔费用肯定得由米丽娅姆和阿尔来出。不过这样也不是不可以。

贝丝：是啊。

波比：我实在想不通，她白天又不用上班，晚上怎么就不能自己哄孩子呢？或者干脆就让孩子哭个够也行呀！我就是这么做的。

贝丝：难怪我妈现在是这个样子。

波比：你生完孩子以后还会继续工作吧？

贝丝：我也不确定。没准到时候我会非常爱孩子，一刻都舍不得离不开他。

波比：这跟爱不爱孩子无关。这件事关系到你能否过上自己想要的生活，并且不与外界脱节。你肯定不希望将来被自己五岁的孩子嫌弃。

贝丝：那是自然。

波比：如果你到时候想雇一个夜间保姆，费用我来出。

贝丝：外婆，到时候我会自己想办法的。

波比：夜间保姆的事就包在我身上了。

## 弄哭你两次

我总共把你弄哭过两次。你哭起来的动静实在太可怕了，简直跟鬣狗不相上下。不过每一次我都忍不住陪着你一起哭。

第一次是在你很小的时候。当时我们正在哈德逊河上游的一家庄园式餐厅里庆祝我的生日，那一年我大概是六十几岁吧。我很喜欢过生日，每年的生日都过得很开心。只可惜我死前没能好好地过一个 90 岁生日，因为当时病得太重了，否则该有多热闹啊！我们肯定会全家一起外出，就像我 70 岁生日那次，一家人聚在类似布雷克斯酒店那样的地方，开一个令人难忘的派对。从那一年算起的 50 年前，这家酒店还不准犹太人进入。而 50 年过去了，我们却能围坐在华丽的水晶灯下，一边欣赏窗外的海景，一边为这位东欧犹太人后裔举杯欢庆。

那一天，我们在庄园餐厅里用完午餐，正准备拍一张全家福。你拍照时总喜欢坐在我腿上，于是我就抱着你坐在中间，全家人纷纷围了上来。就在我幸福地被全体儿孙簇拥着的时候，我看了一眼身后，发现所有人都站错了位置。你母亲站在后排，你父亲却在前排的角落里，镜头根本就拍不到他。我正在试图调整大家的位置，你母亲就和我吵了起来。你从我的腿上滑了下去，一溜烟地跑开了，因为你一贯讨厌看我们吵架。你朝着房子四周的那一圈矮石墙走去，全然不知围墙外面就是一个约 30 米深的悬崖，悬崖的下面则是一条河，而这一切我全都知道。直到所有人都各就各位了，我才发现你不见了。我瞥见你的白色裙子在草坪的尽头一闪而过，于是我噌的一下站起来，疯了似的冲了出去。我顾不上去捡跑丢了的一只鞋，继续深一脚浅一脚地往前跑。没跑几步，脚上的丝袜就已裹满了泥浆。我大喊一声"贝丝！快停下！"。此时你已经站上了那道石墙。你转过身来，面无表情地看着我，身子不由自主地晃了几下，身后就是 10 层楼高的悬崖和滔滔的河水。你整个人都吓傻了。我冲上前去，一把抓住你的小手臂，猛地往我怀里一拉，你的一侧肩膀瞬间就脱臼了！

你疼得号啕大哭，豆大的泪珠像断了线的珍珠似的顺着你的脸颊流下来。你怎么也想不到我会把你伤得那么重。你一脸困惑地瞪着我，惊魂未定地躺倒在石墙前面的草地上。你父亲立刻上前帮你把骨头复了位，显然他也是一路跑过来的。

第二次把你弄哭，是在你长大了以后。

事情发生在葡萄园岛门纳穆莎湖的霍姆波特餐厅。那一天，你一直忍到了餐厅外面的停车场才将情绪彻底宣泄出来。你前阵子刚结婚，去法国度蜜月时宁愿租住在一些小公寓里，也不肯去住大酒店。你从法国回来后不久，我们就相约一起吃饭。我很赞同你一贯保持娇小的身材，因为你的个子不高。可那年夏天，你突然食欲大增，再加上心情愉快，足足胖了一圈。虽说体重只涨了四五斤，听上去不算多，可这个重量对于你的体型来说……你懂的，我就不多说了。你那天穿了一件连体式泳衣，这种款式的泳衣你长大后还是头一次穿。

当时我们正在吃第一道菜，也就是沙拉。我为你点的是一份楔形沙拉，你二话不说就把酱汁全都浇了上去。亏了我点菜时还特意吩咐他们把你的酱汁单独放。我注意到你的脸颊圆润了不少，手臂也不再纤细灵活，于是就提醒你："贝丝，够了，别再吃了！"你立刻停止了咀嚼，僵在了那里。

接着，你缓缓地站起来，目不斜视地从巴拉德一家面前走过，径直走向了停车场。他们大概从未见过如此夸张的反应，我只好跟他们解释说你食物中毒了。

你外公难过地看着我，不停地催促道："波比，快跟过去看看。"

我走出餐厅，发现你弯着身子坐在汽车旁，手捂着脸，一把鼻涕一把眼泪地哭得好不伤心。

望着远在停车场那一头的你，我顿时觉得自己好渺小，你我之间还是第一次有了距离。我朝你走过去，你瞪了我一眼，说："外婆，你不能这么嫌弃我。"我明白你想说什么，我也清楚自己这么做并没有错，但此刻一切都不重要了。你显然怒气未消，宁可盯着空无一物的地面也不肯多看我一眼。我从未见过你发这么大的火，一时竟不知该怎么办。

你是个很讨人喜欢的女孩子，但是由于身高不够高，只要稍稍长一点儿肉就很容易显胖。而且这些肉通常都会长在你的屁股上，不巧现在又流行穿紧身牛仔裤，那些赘肉你想藏都藏不住。你从小到大都管不住嘴，每年的感恩节我都不得不把圆面包收起来。一旦发现你吃了一整个面包，我就会毫不犹豫地把你的盘子挪开，提醒你："贝丝，你已经吃得够多了！"这句话在我看来并不难听，我一直以为你明白我的苦心。

你母亲责怪我伤了你的心。她说我的做法会伤害到你。她还说你有一次得了肠胃型流感，一周内瘦了三斤，你居然高兴地对她说："外婆一定会为我骄傲的。"她表面上一笑而过，过后却打电话来兴师问罪。

眼前的你呼吸沉重，两眼通红。你抬头看着我，那眼神就像在看一个陌生人。那一刹那，我知道自己已经失去你了。这个世界上只有另一个人给过我同样的眼神，而你和她都是我的骨肉。

我上前握住你的手，用力地捏了两下，好让你明白眼前站着的是那个疼爱你的外婆。我还跟你说了那句我经常说的话："贝丝，你知道我有多爱你吗？"

你似乎有话要说，却又把想说的话都化作了一声轻轻的叹息。接着，我们俩同时哭了起来。这一回我们没有拥抱，只是将四只手紧紧地缠绕在一起，尽管你的手上已经满是鼻涕。

此时的我们就像两个疯子。没错，我们的确是疯了。

然后，我对你说出了那句我从未对你母亲说过的话："对不起，我真的很抱歉。"你说："我知道。"你当时并没有原谅我,因为你回答的不是"没关系"。你只是看着我的眼睛对我说："我知道。"我把你搂进怀里,闻着你头顶上的头发,恨不得把你整个嵌进我的胸膛。

回到家后,我们窝在床上看了一部经典电影,怀里抱着一盒肉桂酥饼,一边看一边放肆地你一口我一口,吃得不亦乐乎。

## ○记 2016 年 11 月的一次通话○

波比:贝丝,我实在看不下去了。

贝丝:没事的,外婆。密歇根州的票数还没出来呢。

波比:看来是输定了。

贝丝:一切还没有结束。

波比:我父亲……

贝丝:我知道。

波比:我父亲当年绝不允许家里有人反对民主党。

贝丝:外婆,不会有事的。

波比:要是我父亲还在,他一定会气得自杀。

贝丝:我知道。

波比:我已经难过得快要哭了。

贝丝:别哭,会好起来的。那个人绝对不可能当总统。

波比：你猜错了。

贝丝：我知道。

波比：我父亲曾经组织过工会。

贝丝：我知道。

波比：他曾经站上过联合广场的牛奶箱。

贝丝：我怎么记得是肥皂箱？

波比：管它是什么箱子呢，这些都不重要。

贝丝：外婆，如果你祖父还在的话，你猜他会怎么说？

波比：现在可不是说这个的时候。

贝丝：他会说，一步接着一步地往前走。

波比：不，他会扛着一把猎象枪冲进海湖庄园[1]。

## ○记 2015 年的一次对话○

地点：棕榈滩公寓的起居室

波比：没事的，贝丝。有痰就要咳出来。

贝丝：你都快喘不过气了。

波比：我很好，没事。我快要把它咳出来了。咳出来就好了。

---

1 海湖庄园是美国前总统特朗普名下的位于佛罗里达州棕榈滩的一个私人庄园。

贝丝：外婆，我们最好慢慢来。我们就在家里吃吧，家里明明就有不少吃的东西。再说你昨天很晚才睡，这会儿肯定有些累了。

波比：谁说我累了？

贝丝：你咳得太厉害了，才一天就用掉了一整包纸巾！都这样了你还说好，别太逞强了，你知道我不能没有你。

波比：我也不能没有你啊。

贝丝：那就好好休息吧。

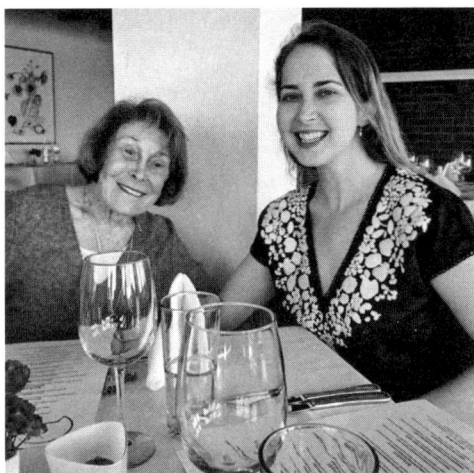

共进晚餐的波比和贝丝

波比：我知道咱俩晚上都睡不着，因为我们的脑子都停不下来。

贝丝：或许可以用药物解决。

波比：我们要是睡着了，谁来操心家里的事呢？

贝丝：我妈妈呀。

波比：你那个妈妈哟！贝丝，快帮我拍拍背。

贝丝：让我来。没事，咳出来就好了。

波比：贝丝？

贝丝：什么事，外婆？

波比：拿上我的手提包，咱们出去吃午饭。

# 病入膏肓

　　我很庆幸自己临死前没有经历太长时间的病痛。我甚至来得及在心脏停止跳动之前，把所有的首饰交给你母亲。那天我们正巧待在棕榈滩那套公寓的卧室里，我指着那个放首饰的抽屉让她把东西搬出来，然后一件一件地交到她的手中。最后，我让她用一个密封塑胶袋把它们全都装起来。这些首饰大多不值钱，真正值钱的那几件和所有的钻石一起被存放在银行的保险柜里。这些首饰里当然也有不错的，比如那条黑珍珠项链、那枚俄罗斯胸针、我的耳夹、那个从意大利买回来的手镯，还有那个上面镶满了糖豆大小的彩色宝石的黄铜戒指。这一次她并没有像从前那样拒绝，而是说了声"谢谢妈"。一周后，我就倒下了，这一倒就再也没起来。

　　至于我为何不把你叫来，以及我为何不接你的电话，我想你母亲心里一定清楚得很。你后来直接把电话打给你母亲，再让她把电话递给我，我还是拒绝了。可是你并不放弃，好几次都想和我视频通话，因为你想亲眼看到我——我们最后一次见面就是通过手机视频。那一次，我也只让你看了我的半张脸，准确地说，只有眼睛的部分。那天你母亲拿着手机，我只对着镜头说了一句"噢，贝丝"，就让她赶紧把手机拿开。

我走之前整整有一周半的时间都没有跟你通电话，这种情况在以前从未发生过。

那几年我的病时好时坏，但我们谁都不愿意谈及这个话题。我们照常开车沿着南海洋大道兜风，中途如果我需要对着纸巾一顿猛咳，你就会伸出一只手来帮我扶稳方向盘。

我们之所以闭口不谈我的病情，是因为我们都不想让对方感到无助。生病这种事有什么可谈的？就算说再多也无济于事。

还记得你上大学时被诊断出患有溃疡性结肠炎的那一次吗？我知道后都快急疯了！

你得知诊断结果后的第一反应就是绝对不能告诉我实情，于是你就编了个故事来骗我。你说："我去医院找了一个很有名的医生做检查，他们一下子就诊断出来了。我已经开始吃药了，很快就会好的。"你告诉我这个病非常好治。至于那些疼痛、流血以及淤血的细节，你全都瞒着我。就连你和当时的男朋友埃文分手已经两个星期了，你也只是轻描淡写地告诉我他不会来我们家过逾越节。那家伙就是个混蛋！当我问到他为何不来时，尽管你把电话拿得远远的，我还是隐约听到了你的哭声。

你的脸因为吃了含类固醇的药变得有些浮肿。你晚上常常失眠盗汗，一是受了药物的影响，二是害怕，担心自己会不会就这么死掉了。那段时间，你经受着食物、压力和失恋的三重打击。我恨不得替你"杀"了那个家伙。你外公也放了狠话，他说："要是让我在街上碰见他，看我不敲碎他的脑袋！"他这个人一贯是说到做到。

你得知自己的病情后着实抑郁了一段时间，可你一句话也不敢对我说。你消瘦得厉害，手臂单薄得就像两条挂绳，一颗脑袋在细细的脖子上摇摇欲坠。你甚至瞒着我退了几门课。当被问到在学校的情况时，你总是简单地回答我"挺好的"，一听就是在撒谎。当我问你打算什么时候来佛罗里达看我时，你一下就陷入了沉默。那段时间你的世界黯淡无光，每一天都不敢想象第二天会是什么样子。

你的性格跟我很像，容易心烦意乱，爱钻牛角尖，动不动就哭，常常闷闷不乐，谎言张口就来，就算有苦，也不对外人倾诉。

终于还是到了身体不允许我们撒谎的时候，因为再这样下去就只有死路一条。我绝对不会让这种事发生在你身上。于是我对你说："贝丝，别再硬撑了，说出来就好了。你现在必须让自己快乐起来。痛苦的人生多活一天都是在受罪。"你必须战胜病魔，除此之外你已无路可走。

那年夏天，你带着你的朋友凯蒂一起来葡萄园岛过暑假。她真是个不错的女孩，一个不可多得的好朋友，一个充满正能量的人。贝丝，你们一定要常联系。万一查理将来走得比你早，你也好有个伴。

你们搭乘的是一架海角航空公司的小型飞机。那天我老早就站在老地方，也就是通往跑道的大门外，等着你们的到来。我疯狂地向你们挥手，你的脸上立刻泛起了一个大大的、幸福的微笑。你的脸比平时更像花栗鼠了，双眼明显地陷了下去。当工作人员把你的背包从机翼一侧的行李舱里搬出来时，你使尽了浑身的力气才勉强能把它提起来。那扇门一开，我就冲上柏油跑道，一把抱住了你。由于我用力过猛，你的下巴磕在了我的肩膀上。我抱你抱得太紧，甚至能感觉到你的脊柱在咯咯作响。你被我抱得几乎喘不过气来。我们不停地对彼此喊着"我爱你，我爱你，我爱你"，然后手牵着手上了我的车。一路上，我们一句话也没说。

你应该听过关于我祖父的故事吧。虽然他总是身无分文，常常与那些赌徒纠缠不清，但他却成功地躲过了几轮大屠杀，一路逃到了美国，而且活得比所有他认识的人都长。他常常把一句话挂在嘴边——无论你是否听过不下一千次，无论你是否可以倒立着用法语将它倒背如流，我都想再跟你说一遍。他时常对我说："波比，就算是大地在你的脚下裂开，你也要一步接着一步地往前走。"

你果然勇敢地往前走了。

你挺到了次年的二月。直到三月，你终于痊愈了。

我一直以为自己会死于肺病，却没想到最终是心脏出了毛病。我得肺病已经不是一天两天了。说起来都怪我平时抽烟抽得太凶，尽管我以前从未意识到这一点。也可能是因为我过去常年到建筑工地上为你外公送饭，吸入了太多叫不上名字的有害物质。总之不管出于什么原因，随着我日渐衰老，我的肺也开始出现各种问题。晚上睡觉时，你外公只要一听见我咳嗽就十分紧张，常常整夜都不敢合眼，含着泪在一旁守着我。我接受插管治疗的次数比你们知道的还要多。有时我会深夜打电话给你父亲，幸好我有这么一个专门研究肺病的女婿，他在电话里一下就听出了我的呼吸问题，立刻就把我送去了急诊室。我还做过几次手术。一想到你远在加利福尼亚，我就没敢告诉你。告诉你了又能怎样呢？只能是让你的日子更不好过。因此我每次都把电话转接到语音信箱，直到自己又能开口对你说"我没事的，贝丝，我很好"。严格来讲，我只是少说了许多事情，但并没有对你撒谎。

在我生命的最后几年里，我身边的每一个人都已经接受了两个事实：一个是我随时都有可能死去，另一个就是我会永远活在你们的心里。每当我感觉虚弱的时候，就会假装不经意地向你透露这一消息，而且语气中总带点调侃。我会跟你说："你知道的，我不可能永远陪着你。"而你总是回答："外婆，我还指望你送我的孩子上幼儿园呢。你必须像小时候折磨我那样折磨我的孩子。"有时我会勉强答应你说"好吧"，有时则会假装生气地回一句"休想"，好让你知道，就算是开玩笑，你也不许数落我的不是。

我向来就是个坐不住的人，我坚持每天散步，尽管这对一个病人来说很难。在佛罗里达的时候，我经常穿着运动鞋出门，沿着南海洋大道一直走到拐弯处再返回来。我通常会和朋友一块儿边走边聊，直到身边的朋友走得一个也不剩了，能够陪我散步的人就只有你外公了。和你外公一起散步无须太多交流，就是踏踏实实地往前走。我总是习惯按自己的步调闷头向前走，速度比你外公快多了。于是我们经常一前一后地走着，一个喊道："波比，你慢点儿走！"

另一个则回答："汉克，你倒是走快点儿啊！"

在葡萄园岛的时候，我们通常会开 15 分钟的车去门纳穆莎，把车停在帆船餐厅的门口，再到码头上走一圈。我们会一直走到码头的尽头再掉头往回走。碰上我精神好的日子，如果那天又恰好风不大，我们就会来回走两趟。回家之前，我们一定会去外卖窗口买一个素汉堡和一份你外公爱吃的炸鸡翅。我有时也会为自己点一个冰激凌、一份炸薯条和一杯去咖啡因的冰咖啡，或者打包一些炸鱿鱼和洋葱圈回家当夜宵，就当是犒劳一下大老远跑来这里散步的自己。

再后来，我只要能下床走几步就已经很了不起了。由于不能出门，我只能在佛罗里达家里的跑步机上慢吞吞地走。即便如此，你母亲还是不放心。尤其是我走之前的那几天，她不仅要亲自看着我走，还要不时地提醒我："妈！你慢一点儿！"你说我能不生气吗？突然之间，我意识到自己做任何事都不得不慢下来，行动处处受限，凡事都力不从心。一个人如果活到这个地步，日子就会变得很难熬。接下来便是卧床不起，不得不由一些护士上门来为你洗澡。那种感受你绝对想象不到。折磨我的又岂止是这些？除了行动日渐缓慢，还不敢给你打电话。就算电话铃响个不停，我也不敢接听，因为现实已经不允许我对你说"我很好"了。这些痛苦你全都无法想象。在我生命的最后几天里，我们一个电话也没打，因为我实在是无话可说。

你千万不要因为那几天没能跟我通电话就产生强烈的自责。内疚的刀一旦架在脖子上，你就永远也逃不掉了。你必须尽快让自己走出来。在这件事情上，我的难过一点儿也不比你少。越是在这种时候就越应该做点什么，比如把心里的想法说出来。你可以想怎么写就怎么写，只可惜你和我已经不在同一个世界里了。我已不再是我，而是你脑中的记忆和想象。

## ○记 2017 年 2 月 27 日的一次视频通话○

最后一次见到你

一张视频通话截图，画面下方为波比，上方为贝丝家的猫

贝丝：外婆，快看，我们又养了一只猫！他的名字叫……

波比：呃。又是你和那几只猫。快别给我看猫了，我对猫从来就不感兴趣。

贝丝：那好吧。那就说一说佛罗里达吧，那里的天气怎么样？

波比：我好孤单啊。我那几个老朋友全都不在了。

贝丝：别哭别哭，没事的。你想要我过去陪你吗？我明天晚上就动身。

波比：你母亲已经过来陪我了。

贝丝：好吧，那样的话你就尽管哭吧。

波比：哈！她简直什么事都要操心。

贝丝：她操心你的事也是应该的。

波比：我的事情我自己知道。

贝丝：那就换我来操心吧。你晚上睡得着吗？

波比：睡不着。

贝丝：有按时吃饭吗？

波比：有。我中午刚吃了一个鲁宾三明治。

贝丝：好吃吗？

波比：还不错。

贝丝：最近有感觉哪里不舒服吗？

波比：就是觉得很累，很难过。

贝丝：我也是。不过，还是有一些美好的事情值得期待。

波比：嗯？比如什么事情？

贝丝：查理和我将来肯定会有孩子。

波比：噢，贝丝，你终于肯生孩子了。

贝丝：到时候你可别给他们好日子过，最好让他们吃点苦头。

波比：噢，我求之不得。

贝丝：外婆？

波比：什么事，我的天使？

贝丝：孩子出生时你要是敢不在我身边，你可就"死"定了。

波比：好，一言为定。

# 第四章

# 离别以后

我要抱歉地告诉你："我得走了。"

我要听见你说："我明白。"

"贝丝，我可以放心走了吗？"

"当然可以。"

## 永别

如今我已经先你外公而去，真不知接下来的日子他要怎么过。

他是那么的依赖我。我走后，他每天会和谁说话？又有谁来提醒他吃午饭？他唯一做过的一顿饭就是一碗早餐麦片，而且除了牛奶，他什么也不会加。今后他只能独自一人去帮你抱孩子了。到时候他一定会哭的，你也好不到哪儿去。他每天都必须从我的化妆间经过，我那几支化妆刷还像往常一样插在一个银色的罐子里，旁边就是一大堆写有我名字的橙色药瓶，都是他几天前刚去药店替我取来的。他从此就要一个人生活，没人替他接电话，没人陪他看电影，没人帮他把袖口的扣子扣上，也没人和他一起欣赏落日和朝阳。他会对满屋子我看过的书籍心生嫉妒，嫉妒它们占据了我生命中太多的时间。他会随手拿起一本狄迪恩的书，没看几页就又放下，嘴里还嘟囔着："这写的都是什么呀？"他不禁开始揣摩我生前脑子里都在想些什么。但无论如何，日子总得过下去。尽管生命的意义对于现在的他来说也仅限于心脏的每一次跳动和肺部的每一次充盈与排空，以及用余下的每一天在心里为我降半旗。告别时，他会在棺材上留下最最深情的一吻，仿佛那不是一口冰冷的棺材，而是那个他钟爱的布鲁克林姑娘。

蜜月期间热情拥吻的波比与汉克

那天是星期五。下午四点钟左右，你独自坐在车里接到你母亲打来的电话。幸好你当时已经在路边把车停稳了，否则他们一天内就要同时失去我们两个人。

当时你和查理正在回家的路上。由于你前一天不用上班，你们俩就一起去马里布度了个假。我以前总对你说："你知道对付郁闷最好的办法是什么吗？那就是去住酒店。"而你总是回答："我可住不起。"于是我说："去吧，刷我的卡。"这一回你仍然选择不住酒店，而是租住在太平洋海岸高速公路边上的廉价公寓里。理由很简单，因为查理喜欢。对你来说，这一点比什么都重要。

那个星期五，你们俩在马里布的海滩上各自有一段奇遇，如今回想起来，的确很不寻常。它们或许只是随机事件，但每一个细节都透着一丝灾难发生前的不祥预兆。

那天上午，你划着桨板在离码头不远的海里游玩，忽然看见远处的白色浮标后面有一只海豚。不知为何，你笃定地认为海豚都是成对出现的，既然看见了其中一只，那么另一只一定就在不远处。于是，你不顾危险地朝着它刚才跃出海面的方向飞快地划去。你真不该独自去到离岸边那么远的地方。这里可是公海！随便一个浪打过来都能把你掀翻，你会被礁石磕得头破血流，最终淹死在海里。死后尸体还会在海上漂浮数日，脚踝上仍系着那根安全绳。冲浪到底有什么好？尤其是对你这种动不动就会失去平衡的人来说！你根本就没有运动天赋。

话说你一心想追赶那只海豚，奈何它早已消失得无影无踪。你累得喘不过气来，就在浮标的附近停了下来。你坐在冲浪板上，把桨收起来压在两腿下面。这时，海上飞来了一只海鸥，就停在你面前的浮标上。你先是吓了一跳，之后就跟它打起了招呼。你说："你好呀！"它没有任何反应，只是目不转睛地盯着你，于是你也开始盯着它。你们四目相望了好一阵子，直到你感觉气氛有点儿诡异，才赶紧站起来，使劲朝着岸边划去。过了一两分钟，你扭头看了一眼刚才的浮标，浮标上空空如也，哪里还有什么海鸥。

几乎是同一时间，远在岸上的查理竟然莫名其妙地弄坏了自己的手机。当时他正在沙滩上慢跑，跑着跑着，手机就从他的口袋里飞了出去，"扑通"一声掉进了海里，一眨眼的功夫就坏了，场面十分狼狈。他怎么也想不到这种事竟会发生在自己身上。他一贯把自己的物品保管得很妥当，因为这关乎到一个人的形象与尊严。你一上岸，他就把事情的经过告诉了你。你换下身上的湿衣服，和查理一同上了车。你们计划在回家的路上顺道去店里换一部新手机。车子经过圣莫尼卡的威尔希尔大道时，你们发现第 26 街的路口有一家威瑞森[1]门店，于是就把车停在了路边的停车场。趁着查理进去为那部破手机申请免费升级的工夫，你把双脚往仪表盘上一跷，准备在车里休息一会儿。他不放心留你一个人在车里，临走前还一脸严肃地叮嘱你不要和陌生人说话。他的担心也不无道理，你待人一向热情慷慨。

你独自坐在副驾驶座上，无聊地盯着自己的手机。这时候，你母亲打来电话。她的声音轻柔得有些反常，仿佛是在跟一个不懂事的孩子说话。

"贝丝？是贝丝吗？"

她说话有些吞吞吐吐。事情变得越发奇怪了。

"你波比外婆昨天夜里心脏病发作，去世了。"

注意，她说的是"去世"，而不是"死"。

"她去世了"是一种委婉的说法，暗示着某人的生命已走到了终点。

---

1　威瑞森电信是美国最大的本地电话公司、最大的无线通信公司。

她昨天夜里去世了。

除此之外，"波比外婆"这个称呼也很别扭。你母亲跟你说起我时从来都只用"外婆"两个字，从没叫过我"波比外婆"。但是你没有听错，她说的正是"你波比外婆昨天夜里心脏病发作，去世了"。

对于这个消息，你先后做出了两种不同的反应。

先是号啕大哭。你尽力压抑住自己的哭声，不仔细听的话，还以为是警车在鸣笛。

"别哭了，"你母亲说，"别忘了你哭多了就会难受。"

她的语气显然不是劝慰，而是命令。于是你的反应瞬间从极度悲伤转为极度愤怒。你模仿她惯用的心理医生的那一套，用一句堪比电影台词的话，夸张地反驳了她。

"妈，你竟敢这样任意操控我的悲伤？"那语气简直跟电影里的郝思嘉[1]如出一辙，果然是我的亲外孙女！

接着，你又转为一边哭还一边大口地喘着粗气，两只眼睛凸得就像被困在笼子里的大狗熊。此时若有人透过车窗往里看，一定会误以为你被车门夹伤了腿。

接着，你母亲使出了她的绝招。她说："我开着免提呢，你爸爸也在听。"这一招简直屡试不爽，每次只要她一说这句话，你立马就会平静下来。

---

1　郝思嘉，又译斯嘉丽·奥哈拉，是美国作家玛格丽特·米切尔创作的长篇小说《飘》中的女主角。

"外婆当时在哪里？"

"在家里。"

"她是在家里走的？"

"她是在医院走的。她的心脏病是在家里发作的，他们发现后就赶紧把她送到了医院。"

"是谁送她去医院的？"

"你外公和那位护士。"

"所以她身边只有护士陪着？"

"还有你外公。"

"她走的时候外公在她身边吗？"

"我不知道。他虽然人在医院，可是你外婆当时被送进了抢救室，所以……"

"她一定害怕极了。"

"她当时已经昏迷不醒了。这几个星期她经历了一次又一次的轻微中风，身体一天比一天虚弱。这一次，她是不得不走了。"

你母亲先是用了"去世"这个词，现在又说"她不得不走了"。你也别怪她，任何人只要一谈到"死亡"，这一类词就会不由自主地蹦出来。

"她现在人在哪里？有外公陪着她吗？"

你指的应该是"遗体"——我的遗体。

"你外公整晚都陪着她，而且一直牵着她的手不放。你舅舅说那个场面很温馨。"

你外公当然舍不得让我走。他岂止是牵着我的手，简直是用他的整个身体抱着我，直到我浑身都凉透了还不肯撒手。还有一件事，你母亲瞒了你好几个月，那就是你外公那一天还动手打了医生。事情是这样的，由于你外公一直抱着我不放，护士不得不把我们连人带床推到急救室的一个角落里。护士说："先生，请您节哀顺变。但根据医院的规定，我们必须进入下一个流程，好把这张病床腾出来给其他病人用。"你外公绝不妥协，他说："见鬼去吧！我就要这张床。"

"那时候大概几点？我是说，她是几点走的？"

"凌晨两三点。"

"也就是我这里的昨天晚上？[1] 你当时怎么不告诉我？我今天居然还出去划了一天的桨板，跟个白痴似的。"

沉默了许久，你母亲说："我想让你晚几个小时再听到这个坏消息。"

电话那头的她这才忍不住哭了出来。你一听，态度马上就变了。

"噢，妈妈。对不起，妈妈。我就是太难过了。妈，妈妈，我不该这样对你。我忘了外婆也是你的妈妈。"

这回轮到你母亲大口喘气和泣不成声了。

于是你也跟着哭了起来，母女俩在电话里哭作一团。你父亲只

---

1　由于美国东西部时差为三个小时，东部时间凌晨两三点就相当于西部时间的深夜十一二点。

好用一些专业术语来安慰你，比如中风过后会出现认知障碍，还有心脏骤停的患者是没有痛苦的。

这时候，查理拎着一个威瑞森门店的袋子回到了车上。

你把手机往腿上一放，看着他说："是我外婆。"他立刻把整个身子探了过来，紧紧环抱着你，仿佛是你身上着火了，而他就是那张把你裹得严严实实的灭火毯。

# 别后一周

我走后的那个星期,你从我的公寓里带走了几样完全出乎我意料的东西。事情就发生在我的七日服丧期内,确切地说,是我走后的第二天。那天你发现自己无事可做,于是鬼使神差地想要对我的遗物进行一次没有目标的寻宝,"盗"走的还是些不值钱的小玩意儿。你从厨房的水槽下面找来一个纸质的购物袋,开始一个房间接着一个房间地"搜寻"。此时你母亲就坐在客厅的沙发上,面无表情地看着自己的手机。

以下就是你的战利品:

三条四个角都绣着花的白色纯棉手帕;

一件精巧的利摩日蛋形瓷器,瓷器的中部缠绕着一条黄铜铰链;

一条橙蓝相间的皮尔·卡丹丝巾,其中一边已经沾上了一些棕色的化妆品;

一件八码的布克兄弟牌厚棉质细条纹衬衫;

一支镶嵌着粉色和橙色珐琅小方块的可伸缩化妆刷;

一个小巧的金色雅诗兰黛的粉饼盒,里面还有满满一盒粉饼和一个配套的粉扑；

一支珊瑚红色的圣罗兰口红；

一张从一本剪贴簿上取下来的我的婚礼请柬；

一份我的婚宴菜单；

我第一张驾驶学员证的复印件；

一张我的照片，照片中的我，和你现在的年纪差不多，我当时笑着站在一艘船上，身后就是一面美国国旗；

一支我放在床头柜上缺了笔帽的蓝色比克牌圆珠笔；

还有一支可可小姐系列的香奈儿口红。

我很难把你母亲想象成一个和蔼可亲的外婆。你小的时候她甚至都不太会抱你。你总是千方百计地挣脱她的怀抱，先是扭来扭去，再伸出一条腿去够地面。为了制止你"逃走"，她只好单手托着你的胯将你抱起来。她从不惯着你，经常是一结束跟你的谈话走出房间、稍稍松一口气，就又开始操心你的数学成绩是不是落后了。

据我判断，过不了多久，你母亲就会不顾一切地去帮你带孩子。她和你父亲会为此而搬去加利福尼亚州。那时候他们俩应该都退休了，你母亲几年前就计划好了退休的生活要怎么过。她会在那里租一套公寓，每天坐在家里等着你打电话来求助。为了送孩子去上学，她会一口气买两个比你自己买的还要高级的儿童安全座椅，一个装在她的车上，另一个放家里备用。她会把车速控制在每小时八千米左右，一路上用一种你从没听过的声音温声细语地跟你的孩子说话。她会耐心地坐在教室外面等待孩子下课，无聊的时候就在她的平板电脑上看各类报纸，比如《纽约时报》《华尔街时报》和《华盛顿邮报》。她会专门练习如何对你的孩子微笑。她会经常带孩子出去散步，跟孩子说话时一定专注地看着他们的眼睛。她会注意到孩子爱吃豌豆，于是买了一大堆豌豆塞满你家的冰箱。除此之外，你家还会出现无数个装满各式各样婴儿围嘴和包被的购物袋，以及好几箱你一直都没机会打开的塑料婴儿车挂件。总之，你就等着瞧吧。

如果你生的是女儿，你们母女之间一定会像你和你母亲，还有你母亲和我那样，谁也不服谁。一旦你和她意见不合，她就会扯着嗓门跟你吵。她渴望得到你的认可，却怎么做都无法令你满意。于是她会发自内心地对你说她恨你。说这句话时，她的小脸会憋得通红，口齿也没那么伶俐。接着，她会一阵风似的冲进房间，用力把门关上。你隐约能听见她在那扇门里哭。总之每回都是这一套。你不想跟过去安抚她，而是把自己也关进房里去哭一番。查理自然也会学你外公和你父亲的样子，无条件地站在妻子这一边。这样一来，女儿只会更恨你，而不恨查理。因为在女儿的眼里，父亲永远是好人，是一个受母亲控制的囚犯。她会没大没小地喊你"贝丝"，你会冲她嚷嚷："我是你妈！""不，你不是。"你当然是。每当这种时候，你都会更加坚定地告诉自己：是的，我就是一个母亲。

等她长到十岁的时候，你会发现她跟外婆比跟你这个当妈的还要亲。全天下的女儿都一样，都恨不得早一天从母亲身边飞走，然后尽早投入外婆的怀抱。

以上就是我的预测，别说我没有提醒你哦。

## 别后一年零三个月

以下内容是你今早去墓地之前就写好的。我走之后，这是你第一次来墓地看我。

对于一个要亲眼看到我的墓地的人来说，这是一篇很好的先导文。写这本书可以让你暂时不用直面我的死亡。通过写作，你可以把各个时期的我召唤到你的脑子里。"她究竟有怎样的人生经历？她会如何讲述这些故事？"从你决定写下这本书的那一刻起，我就成了一个谜，一个需要被层层打开的盒子，以及你脑海里被快速浏览的记忆片段。可是贝丝，我不是一个谜，我现在不过是一具没有了生命的躯体。有那么一瞬间，你突然很想知道我死后究竟是什么样子，但立刻就被自己的想法吓了一跳，于是你把这份好奇埋藏在心里，直至它化作一个既恐怖又温馨的梦魇。

这一天，你和查理将乘坐海角航空的飞机前往葡萄园岛，然后搭一辆计程车去到墓地。

你对葬礼上那口镶着一颗犹太星的棺材仍记忆犹新，当然还包括你外公致完悼词后留在棺材上的那个吻，以及那场为了送别我这个老太太而举行的令人心碎的葬礼。知道我真实年龄的人大概都想不到，我，一个活了90岁又300多天的老太太，走的时候竟然会令这么多人感到不舍，可见我的存在感有多强。我在世上逗留的时间已经够久了，久到可以让众多的亲朋好友自愿为我穿上黑色的丧服，聚集在墓碑前为我送行。

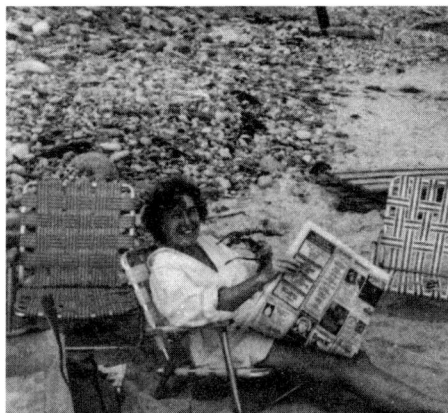

在沙滩椅上看报纸的波比

这一年来，你已经可以轻松地控制自己的情绪，不再像过去那样随时随地就陷入悲伤。你已经不会在镜子前驻足，怀疑我是否正在透过你的眼睛看着你。在街上看到身高和我差不多、手里提着购物袋的老太太时，你也不再会激动地屏住呼吸。当你在闻一款口红的香味，或是在考虑出门看电影是否该带一件保暖的外套时，心里也不再一阵发酸。这段时间你经常和查理说起我，比如"外婆绝对会喜欢这家酒店""外婆肯定受不了这双靴子""如果我继续宅在家里，外婆是不会原谅我的"，还有"外婆说要一步接着一步地向前走"……他总是面带微笑，耐心倾听。

你只有在害怕的时候才会偷偷地在心里呼唤我。比如"外婆，求你让我的急性结肠炎明天就消失""求你别让这架飞机坠毁"，甚至连找不着高速公路的入口都要在心里向我求救。傻孩子，这些事情我一件都办不到。你以为我是谁？一个有魔力的小精灵吗？就算哪天飞机真的出事了，你也千万别怪我，因为这也是我最不希望看到的事情。

墓地的位置选得特别好，就在高高的小山坡上，前后都没有遮挡。跟周围的几块墓地比起来，我的墓算是第二大的。最大的要数科恩夫妇那个巨型的墓，大到让人不禁怀疑他俩生前一定都是大胖子。我想不通他们为何要在墓的一旁种上刺玫瑰。这种花不经常浇水是活不长的！何必要多此一举？真拿他们没办法。

这块墓地的右边属于我，左边的位置则是留给你外公的，这跟我们平时睡觉的位置正相反。这么做显然不吉利。不过这也怪不得别人，是你外公主动要求的。他说："把我的名字也刻上去吧。"他这个人从不虚情假意。好在这一年他平安无事地度过了。

你会看到墓碑上刻着我的名字——芭芭拉·奥蒂斯·贝尔，后面是一长串不太能代表我个人属性的家庭角色——受人爱戴的妻子、母亲、祖母以及曾祖母。好一份完整的女性婚姻生活年表。"被深爱着的妻子"这个头衔我当之无愧。至于"受人爱戴的母亲"，那就要看是对谁而言了。

生于 1926 年，卒于 2017 年。这段时间就是我的有生之年。从我在母亲家的餐桌上呱呱坠地的那一刻起，一直到你外公不顾我的意愿，大声命令那些医生用除颤仪一下一下地让我从病床上弹起来为止，这些年我有幸可以跟我的母亲、你的母亲和你共度了那么多美好的时光。

你的目光渐渐从墓碑转向了地面，心里一下就明白了，我的生命并没有在这里结束。

贝丝，我以前总对你说什么来着？我以前总是对你说，你是我的天使。其实，我就是你。我是你身上的骨骼，是充满你全身的血液，是包裹着你四肢的肌肉，是你柔软的脸颊和夏天时你脸上若隐若现的小雀斑，是你头上那几缕锈红色的头发，是你原先的那个旧鼻子，以及你一生气就会眯起来、一开心就会向上翻的眼睛。我既是你穿衣的风格，也是你爽朗的笑声，我还是你抱怨我不在你身边时胸中燃起的那团怒火。这么说吧，你就是我留在世间的另一个身体。

是我亲手把你打造成了另一个我。自打我们见面的那一刻起，我就不停地跟你讲我的故事。因为我知道，除了你，没人能把这些故事写出来。

## 别后一年零六个月

贝丝：我好想你呀。

（波比）：我也很想你，贝丝。

贝丝：我好想再听一听你的声音。

（波比）：那好办，去听我的语音留言吧。

贝丝：还是算了吧。

（波比）：你都有白头发了。

贝丝：才一两根而已。

（波比）：不止一两根，这一片都是，它们都长在后脑勺你看
不到的地方。

贝丝：大不了就染一下。

（波比）：你才懒得染呢。

贝丝：如果真那么明显的话，我会染的。

（波比）：我年纪轻轻就有白头发了。染发的关键是把发色变浅，
那些白头发混在里面就不容易被发现。你母亲坚持

要染成她原来的深色，结果发根的部分一长出来就
露馅了。

贝丝：哈哈。

度假时站在热气球前拍照的波比

（波比）：你肯定不会染的，对吧？

贝丝：应该不会。反正查理也不介意。

（波比）：他当然介意。

贝丝：厉害呀，外婆。你人都不在了还能读懂别人的心
思吗？

（波比）：别跟我耍贫嘴。没有哪个男人愿意看到自己的老婆
变老。

贝丝：他跟那些男人不一样。

（波比）：天下的男人都一样。

贝丝：外婆？

（波比）：什么事，亲爱的？

贝丝：你和我妈的关系是怎么变好的？

（波比）：这件事我跟你说过至少一千遍了。

贝丝：我还想再听一遍嘛。

（波比）：你出生后不久我就到医院去看你。你母亲当时睡着了，你父亲坐在床前陪着她，你就躺在她床边的摇篮里。我一声不响地走进去，生怕打扰到你们会被你母亲赶出去。于是我蹑手蹑脚地走到你的摇篮边。噢，贝丝，我一眼就认定你是我见过的最漂亮的孩子。就连育婴室的护士们都叫你"漂亮宝贝"，我发誓我说的都是真的。胖乎乎的小脸蛋外加一张圆嘟嘟的小嘴，嘴唇的形状完美得就像丘比特之弓。我们咿咿呀呀地互相打着招呼，我抱着你与你对望，嘴里不停地喊你"我的天使"。

（波比）：这时候，你母亲醒了。她把你父亲支出去，我心想她又要开始折磨我了。她怀孕期间经常跟我闹别扭，但凡我对你的婴儿室有什么不同的想法，我在她眼里就立刻成了本世纪最坏的大坏蛋。因此那段时间我们几乎是零交流。但那天早上，我还是去医院看了你们。我可不承认自己是个差劲的母亲。

（波比）：你父亲一出去，病房里就剩我们祖孙三人。当时我正抱着你，她说："过来。"于是我走过去，把你

224

交给她。她把你放在自己的胸前，你的鼻子在她身上蹭来蹭去。她抬头看着我，眼里泛着泪花，轻轻地喊了我一声"妈"。我立刻答道："怎么啦，罗宾？"她说："我该怎么办？"于是我告诉她："从今往后，你的任务就是让她健健康康地长大。"她拍了拍床沿，示意我坐过去。于是我紧挨着你们母女俩坐了下来。她主动把头靠在我的肩上，表现出前所未有的亲近。我们就这样和好了。

## 别后一年零七个月

我走后大概又过了一年零两个月，你外公就为自己找了个伴儿。那个人就是我的朋友米丽娅姆。她曾经是我的闺密，原来闺密还可以这么当。事已至此，我又能怎样？难不成要装鬼去吓她？这个任务就交给你了。

噢，拜托，开个玩笑而已。别激动好吗？

其他人知道这一消息后都不知该如何告诉你。于是你母亲给你打了个电话。

"我在玛莎葡萄园岛的酒店订了一个不错的房间，我们这次去就住那里。"她说。

"为什么不回家里住？"你母亲并没有马上回答。你大概猜到了其中的原因。

"因为家里还住着你外公的朋友。"

"哦？是谁？"你假装随口一问。

"米丽娅姆·波拉克。"

"是阿尔的老婆米丽娅姆吗？"

"阿尔去世了。"

"原来如此。她干吗非得那个周末来跟我们凑热闹？"听上去你已经有点儿不爽了。很好。

"她一整个夏天都住在那里，看来会待到和你外公一起离开。"

"要我说，这样也好。不，是很好。"

"是啊，的确很好。"你母亲一边苦笑着，一边从牙缝里挤出了这句话。

"好极了，只要他觉得幸福就好。"

"他看起来挺幸福的。"

"其实，我们还得感谢上帝。"

"没错，是得感谢上帝。"

"这样已经很好了，至少比将来找个护士来照顾他强。"

"这样他也不至于太孤单。"

"这一点很重要。"

"的确很重要。"

你们再一次相对无言，各自都往沙发上一躺。

"她自己手头有积蓄吗？"这个问题问得好！

"不知道。我想她的生活条件应该不错。"

"只要她不占外公的便宜就行。"

"律师那边已经确保她动不了你外公的钱了。"

"那就好。"片刻之后，你又问道："米丽娅姆有没有来参加外婆的葬礼？"

"我记不清了。"

接下来，你会从你母亲口中听到那句令我极其反感的话。

"这大概也是你外婆的心愿。"

你并没有给出任何反应。因为此刻你感觉到我就在你的身后，正带着一腔怒火想要从你的脑子里冲出去。但是你不会这么着急就下定论，这究竟是不是"外婆的心愿"，还是留待以后再说吧。

我走后，这个关于心愿的话题就一而再、再而三地出现在你们的对话里——先是那些首饰的分配问题，再来就是墓地的选择，就连葬礼上用的冰激凌汽水也要被说成是我的心愿。

我以前说过的话你们都忘了吗？我不希望将来有别的女人住进我的房子，佩戴我的首饰。我的首饰现在全由你母亲保管，因此那个女人一件也别想碰。至于房子，你外公确实也没有别的办法，总不能让她去住酒店吧？

再说米丽娅姆以前就来过咱们家，而且还不止一次。她和阿尔原本就是家里的常客，我们四个经常一起坐在门廊上吃着新鲜的剑鱼，品着爽口的气泡酒。

你在酒店里收拾好行李就和你母亲一起开车回家了，路上还不忘给每个人打包一份三明治。

你会在心里为自己打气，让自己能够接受那个女人出现在家里各个角落这样的画面，其中就包括坐在我曾经坐过的沙发上，以及在我的位置上用餐。你会不停地安慰自己他们之间不过是柏拉图式的感情，只是相互做个伴而已。但是，你外公这个人你是知道的。他就是这么个德行。毫无疑问，他是那种会在沃特大街上那家叫作"塔布"的酒吧里对着一群老女人抛媚眼的人，那可是一家出了名的"泡妞酒吧"。

你会对她客客气气的，使出所有的社交手段来尽量让她感到安心。

你会对她说："米丽娅姆，见到你真是太好了。"此处你用了我的口头禅"太好了"。

"米丽娅姆，我们为你买了一个火鸡肉三明治。火鸡肉你爱吃吗？"

"米丽娅姆，你有曾孙了吗？"当她对你打开话匣子的时候，你又不禁开始走神，只在每一个间歇处礼貌地点头表示附和。

接着你会学着我的样子以及我母亲的样子，热情地拥抱她。

你能感觉到她那件衣衫下面的小身板。她并没有用力地抱你，因此你感受不到我们俩拥抱时的那种强烈的挤压感。你们母女俩会和他们俩一起同桌吃饭。你会注意到她对你外公很温柔，看到你外公把芥末酱滴在了胸口上，她会及时递给他一张纸巾。她会很有分寸地让他自己擦，而不是故作亲密地替他擦。

饭后，她会连你外公的盘子也一起洗干净，还会不时地问大家："还需要点儿什么？"总之就是尽量不让自己闲着。

接着你外公会大声宣布："米丽娅姆和我午饭后通常会出去散步。"

你和你母亲会迅速交换一个眼神，仿佛在说，以前一直是我们四个一起去码头上散步，这件事什么时候成了你们的专属？

这时候，米丽娅姆说："外面起风了，我去拿几件毛衣带上。"

你马上就想起你母亲在来时的路上跟你说的那句话："她就像上帝派来专门照顾你外公的。"多么贴切的形容。

那天晚上，你们四个在一家餐厅共进晚餐。你外公总是习惯大声地发号施令，米丽娅姆则一直在替他向服务员道谢。她会和你外公点相同的东西，然后把自己的那份薯条全堆到你外公的盘子里。她会一边听你外公讲那些陈芝麻烂谷子的故事，比如那张摇晃不稳的椅子和那个抢走他爱车的黑手党，一边笑得前仰后合。她会耐心地等着你外公闭着眼睛使劲地回忆一个人的名字，直到他喊出"那个人叫罗伊·布洛克！"她才大大地松一口气，脸上露出赞赏的微笑。你外公会喂她一口冰激凌，她也会大大方方地接受，并且在你外公微笑的注视下一口把它吃掉。

到了你们母女俩登船离开的时候，你会微笑着向他俩挥手道别。你突然意识到这是一年多来你外公第一次没有在你面前哭。你在船上远远地看着他们转身离开，手牵着手走回车上。你几乎可以肯定他们回家后会一起看洋基队的比赛，一起看报纸，一起上床休息，第二天早上一起醒来，又一起吃饭、散步，天凉了还不忘为对方添一件毛衣。

随着这艘船渐渐地驶出岸边，你终于开口对你母亲说出了那句话："这应该就是外婆的心愿吧。"

……

要说我还有什么心愿，如果你真想知道，我不妨全都告诉你。

我想要一盘炸鱿鱼和一杯无咖啡因的冰咖啡。

我想要在一个暖和的天气里，和你外公手挽着手在门纳穆莎的码头上散步，而且一路上不用停下来歇息和喘气。

我想要在凌晨两点钟时看完一本好书，然后意犹未尽地走到厨房去吃一块巧克力巴布卡面包。

我想要再逛一次内曼百货，买一大堆打折的好货和一支适合秋天使用的中性色口红，比如淡紫色。

我想要喝一杯冰激凌汽水。

我想要看一场电影。

我想要一顶新帽子。

我想要重新来一次告别。

我想要回到我走的那一天。

我要跟那位护士道一声"晚安"，然后躺在客厅里的那张病床上，直到心脏病突然发作。我要听到急救人员推着担架车飞快地冲进来，大理石地面瞬间被划出几道黑色的印记。我要感觉到自己被抬上救护车，呼吸时断时续。你外公也要被"捆"在一张椅子上，陪我一起被救护车送到医院。我要被快速地推进急诊室，耳边传来你外公歇斯底里的喊叫声，接着就感觉一股电流击中我的胸口，眼前竟同时出现了我母亲、你母亲和你三个人。我看了一眼你外公的眼睛，然后倒抽了一口气。接着，我耳边传来一阵有节奏的"哔—哔"声，听上去很稳定。我要深深地吐一口气，甚至还想笑出声来。我想要听见你外公在一旁大声地哭号："噢，波比。噢，波比。我还以为一切就这么结束了呢。"

当然不能就这么结束。

第二天一早我还要被一阵花香薰醒，高兴地发现你们所有人都赶来看我了。我见你哭了，就牵着你的手，不停地喊你"我的天使，我的宝贝"。我一个劲儿地安慰你，你终于破涕而笑，并且对我说："如果你死了，看我不'杀'了你。"我还想要听见那位医生自豪地说："贝尔太太，你可是把我们都吓了一大跳啊！"

第三天，我还要坐计程车回家。我要让护士回家休息，还要劝你回去工作，回到查理身边去。我亲一亲你的脸，感谢你特意来看我。然后，我要做一个烤牛肉三明治，坐在厨房的餐桌旁与你外公分享。我要给你打电话，告诉你一切都好。我会说："我跟你说什么来着？""你说过你不会有事的。""我什么时候骗过你？""从没有，外婆。"

我要穿上时髦的套装，戴上我的耳环和胸针，像往常一样外出吃饭和看管弦乐表演。我要飞去葡萄园岛，去看一看我卧室外面那丛玫瑰的长势如何。我要在码头上散步，顺便见一见我仅存的几位老朋友——米丽娅姆、爱丽丝和鲍勃。我还要到社区中心去听一场作家的讲座。我要在日历上标记出你们到达的日子，并且迫不及待地去机场等候，远远地看见你和查理从停机坪走过来就疯狂地冲你们招手。我要带你们去帆船餐厅吃午餐，并且命令你把素汉堡的那两片面包扔掉。我要带你们逛跳蚤市场，见你试穿一件田园风上衣时，大声嫌弃地说："你看起来像个帐篷。"我要和你一起坐在沙发上看书，跟你讲我哥哥的故事，告诉你他是如何培养我的阅读习惯的。我还要跟你说一说你母亲和你舅舅当年如何计划在岛上开餐厅，又是如何用饼干模具把鳐鱼肉切成一个个"扇贝"来出售的。我要看着你的眼角笑出鱼尾纹，头上的几根白发在灯光下若隐若现。

我还要去机场送你们。我要紧紧地拥抱你，恨不得把我们俩的骨头都挤碎。我还要不停地跟你们挥手，看着你们的飞机起飞。

我要在 2019 年 2 月 13 日那天接到你的电话，得知你怀上了一个健康的男孩。是男孩！我要告诉你，你只是暂时幸运地躲过了生女儿的宿命。我要天天盼着你跟我分享怀孕的点点滴滴，还要给我的朋友们看宝宝的 B 超照片。我要告诉她们："这孩子的鼻子长得跟他妈妈整形前一模一样。"我要打电话跟你强调婴儿车的质量有多重要，告诉你那些便宜货总是莫名其妙就坏了，孩子直接在马路上摔得头破血流。我要听见你在电话里叹气，甚至笑我夸大其词。我当然要据理力争。其实我操心的又何止是婴儿车。我还要关心孩子入学的问题，要跟你掰扯洛杉矶的空气质量不好，要催你把那只猫送走，还要提醒你找一个信得过的保姆，给孩子取一个正常点的名字，临产前要经常练习呼吸节奏。我还要跟你分享我母亲在餐桌上分娩的趣事，然后笑着回应你关于西奈医院的产科没有餐桌的笑话。我要在家里焦急地等电话，然后和你母亲一起飞去医院在候诊室里翘首盼望。我要亲手抱起你的孩子，亲吻你被汗水浸湿的额头，告诉你以后的生活将有多美好。我要看着你的孩子一天天长大，在你六个月后带着孩子回纽约时一脸得意地对你说："我早就说过你会回来的。"我要看着孩子学说话、学走路，还要在他生日的当天和你一起送他去上学，那时候的我已经95岁了。我要听见你向别人介绍说："这位是我的外婆，我小时候第一天上学就是她送我的，如今她还要送我的儿子上学。"

我不仅要给你打电话，还要听到电话铃响，然后惊喜地发现是你打来的。我要在电话里告诉你我爱你，还要正式地跟你道别。我要听见你对我说你也爱我。我要抱歉地告诉："我得走了。"我要听见你说："我明白。""贝丝，我可以放心走了吗？""当然可以。"

噢，贝丝，我亲爱的贝丝。这一切都只是你的幻想，是你自己的心愿罢了。这里的每一个心愿都与你有关，它们只代表了我内心的一部分渴望。

看来你还是不明白我到底想要什么。

你不知道临终前的那段日子有多可怕，多痛苦。每一次中风都让我生不如死，医生也是换了一拨又一拨。如此痛苦地老去使我根本无法在除了你之外的其他人面前维持应有的体面与尊严。有时连我自己都很难接受镜子里的那张老脸。由于长期失眠，我变得两眼凹陷、无精打采，我只要一咳嗽就会满脸暴青筋，昔日的美貌早已荡然无存，就像被人用一块海绵全吸走了似的。这个老女人是谁？我已经完全认不出镜子里的自己，如今这双颤抖的手就连一支口红都握不住。

贝丝，像这样的日子，我多活一分钟、一天，甚至两天又有什么意义呢？不过是看更多的医生和接受更多的治疗，忍受更多护士不耐烦的询问和面无表情的冷眼（他们心里根本就没有病人，满脑子想的都是午餐要吃什么）；当然还少不了无数次的晕倒和各项机能的衰退，从视力到听力，再到内脏和脑子。与此同时，你外公也要跟着我提心吊胆，夜间常常要起来观察我的呼吸是否困难。除此之外，就是与生命不可避免的消亡做更多绝望的抗争，以及逐渐远离这个我深爱着的，却再也无法亲身参与的世界。

生命的延续对于现在的我来说无非是每天待在同样的地方吃着一成不变的食物；即使是阅读同一本书，也失去了往日的愉悦，才翻几页就对着那一行行精美的印刷小字睡着了；无奈地看着越来越多的名字从电话簿上被划掉或擦去；常常拿起电话，听着熟悉的拨号音，却不知该打给谁；拨出去的电话也时常被转到语音信箱，只能看更多的报纸来打发时间；对你母亲和你也越来越放心不下。总之，每一分钟都过得比前一分钟更吃力，更别说是一小时甚至一天了。这样的日子就像是被判了死缓，生命的钟摆几乎停止了摆动。

所以什么才是我真正想要的呢？

你母亲来看我的那个星期，我反复思考，最终决定把所有的首饰都交给她，因为我知道那些东西我再也用不上了。我已经做好了"退位"的准备。

你知道我究竟想要什么吗？就连我自己也是到最后一刻才明

白的。

我想要长睡不醒。

（"她快要不行了！"）

我想要裹着丝质的睡衣在巴黎豪华酒店的大床上醒来，然后点上一支香烟，深深地吸上一口。

（"波比！波比！噢，天啊！噢，上帝啊！"）

我想要扬帆出海，由你外公掌舵，我只负责坐在船头和一群海鸥一唱一和。

（"噢，上帝啊！噢，我的天啊！"）

我想要穿着亮黄色的裙子在女生联谊会的舞池里翩翩起舞，一不小心跌进你外公的怀抱，听见他俏皮地说："当心点儿，卡门·米兰达¹女士！"

我想要搭着服务生的手，优雅地跨出那辆金色的捷豹，再一次走进乡村俱乐部的大门，呼吸着里面清新的大理石地板的味道，闻一闻大堂里那盆盛开的百合的香气，再次听见她们热情地招呼我："贝尔夫人，请往这边走。"

（"赶紧救她呀！"）

我想要打开浴室的门，撞见你母亲含着泪把我的香烟全倒进马桶里冲掉，嘴里说着"妈……"。我还想看见你身穿蓝色的礼服，一边照着衣帽间的那面镜子，一边微笑着对我说："外婆，我爱你。"

---

1　卡门·米兰达是著名的巴西籍葡萄牙裔歌舞明星，于 1933 年初登银幕，20 世纪 40 年代初前往百老汇，后以卓越的歌舞才艺活跃于好莱坞。

我想要看见乔吉走过布鲁克林阁楼上的小房间，俯下身来在我耳边轻声地叫我"小乖乖"。我想要他检查我是否退烧了，他只消在我额头上轻轻一吻，我就能感觉到一股凉意在睡衣里升腾。

（"充电！"）

我想要参加你母亲的两次婚礼以及你的婚礼，见证你们亲吻自己的新郎，然后和大家一起高喊"干杯！"。我想要看着你外公一边掀起我的头纱，一边轻声地感叹："我是多么幸运啊！"

（"离床！"）

我想要变回那个小女孩，漂浮在一个被拴在岸边的轮胎里，丝毫不担心自己会被海水冲走。

在门纳穆莎码头上散步的汉克与波比

（"离床！"）

我想要看见我母亲涨红着脸，满头大汗，披头散发，却在用一种我从未见过的、慈爱的目光注视着我。

我想留下我所有的回忆，

让它们都成为你的记忆，

你要将它们写成一个又一个故事⋯⋯

我的故事，

我母亲的故事，

你母亲的故事，

你自己的故事，

以及将来你孩子的故事。

让这些故事陪伴你走完接下来的人生。

然后再把它们留给后人，让它们带着一点儿神话、一点儿传奇、一点儿真相以及我们满腔的热爱，随风飘散到四方。

只要这些故事流传下去，我就能永远活在这些故事里。

# 终曲

贝丝：外婆，跟我讲讲你母亲的故事吧。

（波比）：不如你来讲给我听。

贝丝：我可讲不了。

（波比）：这个故事不是你写的吗?

贝丝：不，是你写的。

（波比）：不可能是我写的。你写这个故事的时候我已经被埋
在地底下了。你只是借了我这个死老太婆的口把故
事讲出来而已。

贝丝：你生气啦?

（波比）：没什么好生气的。你找到合适的出版商了吗?

贝丝：目前还不好说。自从上次《纽约客》登出了那篇文章,
我倒是收到过几封询问这本书的邮件。

（波比）：但那篇文章只能在网上看。

贝丝：没错。

（波比）：在纸质版的杂志上是看不到的。

贝丝：是的。

（波比）：你请律师了吗？

贝丝：我有一个律师。

（波比）：必须是个厉害的律师。

贝丝：我想他应该够厉害。但愿吧！

（波比）：他们这是在逼着你出版这本书呢。你可得请一个能
干的律师来帮你审查合同。

贝丝：外婆，你就别操心了。

（波比）：贝丝，你知道我有多爱你吗？

贝丝：是"曾经"有多爱我。

（波比）：难道现在就不爱了吗？

站在一艘名叫"鹿湾小舍"的船上挥手的波比

贝丝：可是你已经不在了。

（波比）：那又怎样？

　　贝丝：我也说不清楚。

（波比）：好吧。你知道我祖父过去是怎么教我的吗？

　　贝丝：我知道。

（波比）：当大地在你的脚下裂开，你感觉自己就要被这个世界吞噬。这个时候，你一定要一步接着一步地往前走，千万别回头。否则，你知道会发生什么吗？

　　贝丝：不知道。

（波比）：哈！其实我也不知道，宝贝。我也不知道。

**作者后记**

　　本书虽然属于非虚构文学作品，但作为一段口述历史，它在本质上就难以做到十分精确。与其将本书作为我外婆人生经历的客观记录，倒不如将它视为一段生活的再现，一段回放，以及一个在两代人之间几经转述而形成的或清晰或模糊的印象。虽然故事中一些人物的姓名和身份细节已被改编，但书中描述的主要事件皆为真实事件，并且都已通过我对我母亲和外公的采访得到了证实。虽然书中出现了大量的文件工具，如通话文档、语音留言记录，以及在一些页面中出现的纪念照，但它终究不是外婆本人的回忆录，更算不上是一本完整可靠的传记。外婆一生有三个子女和七个孙辈，她对所有的晚辈都疼爱有加，本书仅讲述了其中的两位。总而言之，这是一个家族中四代女性之间的爱的故事。这个故事既取材于我外婆的生活，亦是对她最好的纪念。

**致谢**

本书的完成离不开我母亲的支持与帮助。虽然她坚称自己永远不会读这本书，但读过此书的人都应该了解，如果没有她的慷慨与支持，这本书就不可能问世。为了方便我写作，她贡献出大量的时间为我讲述她童年和青年时期的故事，对此我深表感激。谢谢你，妈妈，感谢你对我抱有如此坚定的信心（也可能是我自作多情了）。

这本书的第一个读者就是我父亲。虽然在这本书中他不是主角，但在大多数事情上，他的意见对我来说却最为重要。谢谢你，爸爸，感谢你的帮助以及你为我做的一切。你是最优秀的父亲。

我还要感谢我的外公汉克·贝尔，感谢他在各个层面上对本书的支持，尤其是允许我记录下对他职业生涯的采访。波比的去世给他带来了极大的打击。自 2017 年 3 月以来，他无时无刻不在忍受着心痛，真心希望本书能给他带来一些小小的安慰。

感谢珍妮·奥蒂斯，感谢她为我提供了关于乔吉、利奥、罗丝和山姆的回忆。

本书由克诺夫出版社的罗宾·戴瑟编辑完成。她凭借敏锐的洞察力、审慎的修改与注释，以及对作者的信任与鼓励，使这本书得以从初稿蜕变成今天的样子。感谢罗宾在出书的过程中一直为我保驾护航，可以说没有她就没有这本书的存在。谢谢你，罗宾。

感谢 **WME**[1] 的伊琳·马龙始终相信我能够将外婆的声音和故事写成一本书，并鼓励我提出出书的方案。这本书得以问世，她功不可没。

感谢克诺夫出版社杰出的编辑安妮·比沙伊，感谢她出色的编辑意见和对原稿的反馈，以及她为本书所付出的辛勤劳动。安妮，这本书正因为有你的参与而变得更精彩。

感谢凯蒂·西本对本书的初稿提出了犀利而富有建设性的意见。

感谢维克托瓦尔·布尔古瓦、卢卡斯·维特曼、凯莉·德勒埃、布里杰·瓦恩加、杰夫·洛夫内斯、惠特尼·格雷厄姆和凯蒂·冈本对本书早期草稿的评鉴。

感谢吉米·坎摩尔教我如何努力工作，并一鼓作气地把事情完成。

感谢佐伊·科马林全程用智慧、慷慨以及好吃的皮塔饼来打消我的疑虑。我爱你。

谢谢你，威尔·卡尔布。我愿意为你做任何事，包括在这本书中对你只字不提。

---

1 WME-IMG 是一家集影视、时尚、音乐、图书、数字和体育领域为一身的全球娱乐体育经纪巨头。

感谢我的儿子让我在怀孕期间顺利地完成了这本书。要不是你这么懂事，这件事情也成不了。

感谢查理让我拥有现在的生活。儿子和我都幸福地享受着你给的爱与包容。因为有你，生活中的一切都变得顺理成章。我是如此幸运！